AF588798

MÉMOIRE

SUR LES

RAVAGES DES SCOLYTES ET DU COSSUS

DANS LES ORMES,

DU SCOLYTE ET DU CALLIDIUM DANS LES POMMIERS,
DES HYLESINUS DANS LES FRÊNES, ETC.,

ET

SUR DES MOYENS MIS EN PRATIQUE

POUR DÉTRUIRE CES INSECTES

ET RESTAURER LES ARBRES QU'ILS FONT PÉRIR;

Par M. Eugène Robert,

DOCTEUR EN MÉDECINE, MEMBRE DE L'EXPÉDITION SCIENTIFIQUE DU NORD, ETC.

« Tribus (*musca vomitoria*) cadaver equi æque cito consumentibus, ac leo. »

LINNÆUS, *Systema naturæ*.

PARIS,

IMPRIMERIE DE Mme Ve BOUCHARD-HUZARD,

RUE DE L'ÉPERON, 7.

1846

SOCIÉTÉ ROYALE ET CENTRALE D'AGRICULTURE.

RAPPORT

FAIT A LA SOCIÉTÉ ROYALE ET CENTRALE D'AGRICULTURE,

SUR LE CONCOURS OUVERT

POUR LA DÉCOUVERTE ET LA MISE EN PRATIQUE

DE MOYENS PROPRES

A DÉTRUIRE LES INSECTES

NUISIBLES AUX FORÊTS,
AUX GRANDES CULTURES, AUX JARDINS FRUITIERS,
POTAGERS ET FLEURISTES.

Commissaires, MM. VILMORIN, HÉRICART DE THURY, HUZARD, DE GASPARIN, MÉRAT, DUTROCHET, et GUÉRIN-MÉNEVILLE, rapporteur.

Si l'étude des animaux qui nuisent aux végétaux cultivés par l'homme n'avait pour but que de nous faire connaître les raisons de certains phénomènes, la cause de certaines altérations, ou même seulement l'industrie admirable de ces animaux, nous devrions la cultiver avec le plus grand intérêt; les agriculteurs devraient être initiés à ces mystères de la nature, car, en même temps que ces connaissances détruisent des erreurs, des préjugés déplorables qui déshonorent l'intelligence humaine, elles élèvent l'âme et viennent donner aux hommes des champs de nouvelles preuves de l'existence d'un être suprême, créateur et régulateur de tout ce qui existe, et de sa grandeur infinie, qui se révèle aussi bien dans le plus petit insecte ou la plus humble moisissure, dont l'existence est bornée à un jour, que dans l'animal le plus supérieur, ou l'arbre gigantesque témoin du passage de plusieurs siècles.

Mais l'intérêt qui s'attache à ces études n'est pas limité à cet ordre élevé d'idées ; l'histoire naturelle des animaux, et surtout des innombrables insectes qui couvrent notre globe, envisagée sous un point de vue plus restreint, promet encore à l'homme des résultats avantageux. Nous n'exposerons pas ici ceux qu'elle lui a déjà donnés en lui fournissant les animaux domestiques ; nous ne citerons qu'en passant le miel, la cire, la soie, la cochenille, les cantharides, etc., qu'il doit aux insectes ; mais nous dirons que c'est surtout pour protéger ses récoltes qu'il a dû étudier ces petits êtres dans le plus grand détail. C'est pour s'opposer aux dégâts qu'ils font dans ses cultures qu'il lui a semblé nécessaire de les bien connaître, et les résultats de ces études ne se sont pas fait attendre ; leur importance a été bientôt comprise par les agriculteurs instruits et par les gouvernements protecteurs, comme l'attestent les travaux commencés, dans ce but, par les ordres et sous la protection du ministre de l'agriculture et du commerce, dont la sollicitude éclairée ne laisse échapper aucune occasion de contribuer au bien de l'agriculture, de cette science de la paix, source de si grandes richesses pour notre pays (1).

---

(1) Choisi par la Société royale et centrale pour représenter cette partie si importante des sciences appliquées à l'agriculture, j'ai compris la portée de la mission qui m'est confiée, et je désire consacrer à son accomplissement tout mon temps, toute l'expérience que des études de plus de vingt ans ont pu me faire acquérir. Si la Société royale et centrale d'agriculture parvenait à donner à ces recherches l'impulsion qu'on leur a imprimée en Allemagne, en Angleterre et jusqu'en Amérique ; si, par les encouragements qu'elle accorde si généreusement aux hommes qui consacrent leurs veilles à ces utiles travaux, elle arrivait à les répandre, à les populariser, elle rendrait certainement un grand service à l'agriculture française. (*Note du rapporteur.*)

Organe de la commission chargée de lui faire connaître les travaux de ce genre qu'elle veut récompenser et de signaler à la reconnaissance publique les auteurs de ces pénibles et longues recherches, nous allons présenter à la Société le résultat de l'examen que sa commission a fait des différentes pièces adressées pour le concours.

Le travail le plus important, celui qui répond peut-être le mieux au programme des concours de l'année 1846 est celui de M. le docteur Eugène Robert, sur les moyens de guérir les arbres de nos promenades et de nos routes affaiblis par la maladie, et ensuite attaqués par les scolytes, et de les préserver des nouvelles atteintes de ces insectes (1). Déjà, l'année dernière, nous avons fait connaître les résultats remarquables des grandes expériences auxquelles M. Robert a consacré son temps et ses peines avec un désintéressement, une persévérance et un zèle remarquables, et vous avez bien voulu l'encourager en lui décernant votre médaille d'or. Cette noble récompense a porté ses fruits; M. Robert a redoublé de zèle, et il a continué d'appliquer aux Ormes malades l'opération des incisions longitudinales, qui a pour but de régénérer l'écorce des arbres et de lui donner une plus grande vitalité.

Guidé par les indications de l'histoire naturelle, par les observations des entomologistes sur les mœurs des scolytes, et par celles des savants qui s'occupent plus particulièrement de physiologie végétale, M. Robert avait reconnu qu'il était possible d'attaquer ces insectes à l'époque où ils se reproduisent : des expériences l'avaient confirmé dans ses vues, et, pendant les années 1843 et 1844, il les a continuées, variées et développées, grâce au concours éclairé de M. le préfet de la Seine, de M. le ministre de la guerre et même du roi, qui, informé des bons résultats obtenus

(1) Séance du 7 mai 1845, mémoire accompagné de dessins et suivi de diverses communications complémentaires résumées dans un grand mémoire.

dans ces expériences, a voulu faire appliquer le procédé pratiqué par M. Robert aux beaux arbres du parc de Saint-Cloud, menacés sérieusement par la multiplication des scolytes.

Nous ne vous exposerons pas de nouveau les principes qui ont guidé M. Robert dans le procédé qu'il a si heureusement mis en pratique, car cet exposé a été mis sous vos yeux dans le rapport que nous avons eu l'honneur de vous faire à ce sujet l'année dernière.

L'expérience ayant prouvé à M. Robert que des arbres, et les Ormes entre autres, dépouillés des parties mortes de leur écorce, pouvaient très-bien supporter les grands froids et la sécheresse, sans qu'il fût nécessaire de les recouvrir d'un enduit quelconque, il a employé ce procédé, dans certaines circonstances et selon l'état maladif ou l'âge des arbres, comme étant plus simple, aussi rapide et même plus économique, réservant les incisions (qu'il avait d'abord pratiquées presque exclusivement) pour des arbres chez lesquels la maladie offre certains caractères, ou pour les jeunes arbres et les grosses branches, sur lesquelles il les prolonge le plus haut possible, jusque vers la source de la séve descendante. Ces opérations, tout en détruisant les larves et les nymphes des scolytes, ne permettent pas à d'autres générations de s'établir sur les arbres qui les ont subies, parce que leur nouvelle écorce possède un degré de vitalité qui les repousse (1); elles ont, de plus, la propriété d'augmenter notablement la production du bois, surtout chez des arbres stationnaires dont le développement était retenu par une écorce morte très-résistante et très-épaisse, qui ne se fendille que difficilement par la force même de la végétation, quand la maladie et l'épuisement causés par les insectes ne lui ôtent pas cette force.

---

(1) Un arbre d'environ une vingtaine d'années, du quai d'Orsay, tout près du champ de Mars, a été entièrement décortiqué à la fin de 1843; il y a donc plus de deux ans qu'il a subi cette opération : il est couvert actuellement d'une belle écorce vive et végète vigoureusement.

L'enlèvement de la portion morte de l'écorce des Ormes est donc avantageux à ces arbres : l'homme vient ainsi aider la nature dans son travail ; il fait pour les Ormes ce qu'elle fait spontanément pour les Platanes, qui se dépouillent seuls, chaque année, de leur écorce morte, ou pour les animaux qui se débarrassent de l'épiderme de leur peau à mesure de leur accroissement. Du reste, cette décortication partielle a été pratiquée par de Saussure, Duhamel, de Buffon, Malpighi, De Candolle, Thoüin, etc. (1), dans des expériences bien connues des botanistes, et ces savants observateurs ont constaté que, loin de nuire aux arbres, elle leur donnait une nouvelle vigueur.

La commission, qui a suivi avec le plus grand intérêt le traitement que M. Robert fait subir à 1,227 arbres attaqués par les scolytes, en a rendu compte à la Société, et cette compagnie approuve les principes qui ont guidé ce naturaliste dans son traitement : désirant cependant qu'on ne puisse la taxer d'agir avec précipitation au sujet d'une opération qui intéresse essentiellement les plantations de nos grandes routes et promenades publiques,

Elle a décidé

1° Qu'elle prorogerait son concours ;

2° Qu'elle engagerait M. Robert à continuer l'application de ses procédés ;

3° Qu'elle inviterait au besoin, ainsi qu'elle l'a déjà fait, l'autorité à lui faciliter les moyens de continuer ces diverses opérations.

Voulant, de plus, donner à M. Robert un encouragement digne de l'importance de ses travaux et un témoignage d'ap-

---

(1) Tous les jardiniers l'emploient, quoiqu'ils la pratiquent d'une manière plus superficielle et moins hardie, et M. Chasseriau, de Rochefort, avait eu recours, de son côté, au même moyen pour nettoyer les arbres des nombreux insectes qui se réfugient dans les anfractuosités de leur écorce et pour mettre à découvert l'entrée des galeries des cossus.

Il résulte de l'examen, auquel je me suis livré avec un soin scrupu-

probation pour les progrès qu'il a fait faire à ses procédés depuis l'année dernière, la Société a décidé que le mémoire dans lequel ce naturaliste fait connaître avec clarté et détail son traitement des arbres attaqués par les scolytes sera inséré, avec quatre planches, dans le recueil des *Mémoires* de cette compagnie.

---

leux, des nombreuses communications faites à la Société, par M. Chasseriau, depuis 1839,

1° Que cet agriculteur a commencé par trouver la composition d'un enduit propre à recouvrir les plaies des arbres, surtout aux endroits nettoyés et mis à vif quand ils ont des chancres ou la carie, ou quand on y a cherché les chenilles des *cossus*, de la *coquette* et des *saperdes* ;

2° Que, pour trouver la galerie des *cossus*, il a décortiqué les arbres en enlevant la partie rugueuse de leur écorce d'une manière plus complète que ne le font communément les jardiniers, mais nullement dans le but de faire périr les *scolytes*, dont il ne parle dans aucune de ses communications antérieures à la publication des notices de MM. Michaux, Dutrochet et moi, sur les travaux de M. Robert relatifs aux *scolytes*.

Il n'y a donc aucun rapport entre les travaux de MM. Chasseriau et Robert, quant au but de leurs deux manières de décortiquer les arbres et à leurs résultats. Ce n'est pas pour cette décortication en elle-même que la Société approuve le procédé de M. Robert, c'est pour être arrivé à reconnaître, par les déductions des lois de la physiologie végétale et des lois de l'entomologie, qu'en rajeunissant l'écorce des arbres, en donnant à ceux-ci une plus grande vitalité, il les rendait impropres à l'existence des larves des *scolytes*, qui ne peuvent vivre que dans les sucs d'une écorce malade. M. Chasseriau *nettoie* les arbres pour chercher les galeries des *cossus* ; M. Robert rajeunit leur écorce, ce qui en éloigne les *scolytes*, ennemis bien plus dangereux, du moins à Paris.

MÉMOIRE

SUR

LES RAVAGES DES SCOLYTES ET DU COSSUS

DANS LES ORMES,

DU SCOLYTE ET DU CALLIDIUM DANS LES POMMIERS,
DES HYLESINUS DANS LES FRÊNES, ETC.,

ET SUR

DES MOYENS MIS EN PRATIQUE

POUR DÉTRUIRE CES INSECTES

ET RESTAURER LES ARBRES QU'ILS FONT PÉRIR;

PAR M. EUGÈNE ROBERT,
docteur en médecine, membre de l'expédition scientifique du Nord, etc.

Les recherches auxquelles nous nous sommes livré sur les ravages des scolytes, du cossus, etc., dans nos arbres forestiers et fruitiers, remontent au printemps de l'année 1842; elles nous ont été suggérées par la vue de la chute insolite de toutes les jeunes pousses de chênes séculaires, déterminée, à cette époque, dans un jardin de Bellevue, par l'action d'un insecte presque imperceptible, le *scolytus intricatus*, Ratzeb. (improprement nommé *pygmæus* d'après Gyllenhal). Encouragé par un célèbre entomologue que la science a malheureusement perdu de si bonne heure, nous nous livrâmes à des recherches (1) sur les mœurs et les ravages de ce scolyte, que l'on supposait alors tirer son origine de l'écorce de

(1) Mémoire sur le dommage que certains insectes, notamment le *scolytus pygmæus,* font aux ormes et aux chênes, et sur des moyens proposés pour les en éloigner. *Annales des sciences naturelles* (janvier 1843).

l'orme, car c'était à sa larve qu'on attribuait, en grande partie, les dégâts considérables qu'on remarque souvent dans cet arbre. Stimulé également par la découverte que venait de faire M. Audouin pour détruire la pyrale de la vigne, nous nous mîmes, de notre côté, en quête de trouver un moyen propre à combattre le scolyte.

Ayant remarqué, aux Champs-Élysées, que des gros ormes dont l'écorce avait été anciennement lacérée, enlevée en grande partie, n'en continuaient pas moins de bien végéter, quoique cet organe eût été souvent réduit à de simples lanières par où la séve pouvait encore se rendre des branches aux racines, nous nous sommes demandé pour quelle raison des arbres mis dans cet état déplorable, en 1814, par les Russes et les Cosaques, qui avaient attaché des chevaux à leurs troncs ou établi un feu de bivouac au pied, ne s'en portaient pas moins bien, tandis que, tout à côté, on voyait périr des arbres revêtus de toute leur écorce, en apparence saine et intacte. En examinant de près les uns et les autres, nous remarquâmes, sur les premiers, des bourrelets pleins de vigueur, arrondis, lisses, semblables, pour ainsi dire, à de jeunes arbres ; l'écorce des autres nous parut, au contraire, criblée de trous que nous ne tardâmes pas à reconnaître pour appartenir à deux ou trois espèces de scolyte. Dès lors nous nous sommes dit : Pour empêcher les ormes de succomber aux attaques de ces insectes, il faut contrarier leurs habitudes et assurer une libre circulation à la séve en modifiant la surface extérieure de l'écorce; il faut, en un mot, mettre les arbres malades dans les conditions des ormes échappés au vandalisme des alliés ou de tous jeunes arbres bien portants. De là, la première idée des moyens que nous avons mis en pratique, des tranchées longitudinales faites dans les couches corticales, jusqu'au liber exclusivement, dans toute la longueur du tronc ; opération que nous convertissons, suivant l'état des arbres malades, en un enlèvement complet des couches supérieures de l'écorce sur tout le tronc, ne conservant plus les incisions que pour le tronc des arbres nouvellement atteints et les grosses branches des arbres très-malades.

Maintenant qu'un laps de temps assez long s'est écoulé depuis l'application de nos premiers essais et a parlé, nous le croyons, en leur faveur, nous craindrions de ne pas répondre aux encouragements si flatteurs que nous avons reçus, l'année dernière, de la Société royale et centrale d'agriculture, qui nous a accordé une médaille d'or, si nous ne cherchions pas, aujourd'hui, à faire tourner au profit de la science, après les avoir coordonnées, les nombreuses observations que l'expérience et la pratique nous ont permis de faire. Puissions-nous, en soumettant à la Société l'ensemble de toutes nos recherches et de nos résultats, mériter de nouveau sa haute approbation.

PREMIÈRE PARTIE.

MALADIE.

DES SCOLYTES ET DU COSSUS DE L'ORME.

Depuis dix ou douze ans, et peut-être davantage, la mortalité exerce de grands ravages dans les plantations d'ormes, notamment dans celles des grandes villes ; Paris, Versailles, Rouen, Londres, Bruxelles, etc., en sont des exemples frappants. Les boulevards de notre capitale sont menacés de voir abattre les plus beaux de leurs arbres, qui ont demandé près d'un siècle à devenir ce qu'ils sont ; la révolution de juillet a certainement fait disparaître moins de gros ormes que la maladie dont nous allons nous occuper. Le peu d'arbres qui restent des boulevards intérieurs de Paris offrent encore le plus triste spectacle, mutilés (étêtés) qu'ils ont été à plusieurs reprises, toujours dans la vaine espérance de leur faire recouvrer la santé.

Quelle est donc la cause occulte qui tend à priver les nombreux habitants de Paris du peu d'ombrage que l'extension toujours croissante des maisons resserre de plus en plus? Est-ce ce même voisinage des maisons, la rareté d'un air pur et vivifiant? sont-ce les améliorations que l'on a fait subir depuis quelques années aux chaussées, en supprimant les cuvettes qui régnaient entre les arbres et en y établissant des trottoirs? est-ce l'asphalte de quelques-uns d'entre eux, l'éclairage par le gaz? est-ce l'âge, la sécheresse, la poussière soulevée sur nos routes par les pieds des chevaux et par les roues des voitures, voire même les ordures dont ils sont sans cesse abreuvés dans nos promenades, etc., etc.? Pour satisfaire de suite à toutes ces questions faites communément, questions qu'on tourne si facilement en reproches contre l'administration, et pour les réduire à leur juste valeur, il nous suffira de dire que la même maladie règne aussi bien dans la campagne hors des villes, dans les champs éloignés dépourvus d'habitations, que dans les lieux les plus populeux, et qu'elle affecte indifféremment les arbres âgés et les jeunes, les arbres situés dans un terrain frais et ceux qui viennent dans un terrain sec, les arbres non exposés à la poussière, aux ordures, et ceux qui en reçoivent le plus (1). Cette maladie dépend donc, nous dira-t-on alors, de l'atmosphère? Ne pourrait-elle pas être aussi bien l'effet d'un choléra végétal, comme on l'a déjà sérieusement avancé pour la maladie des pommes de terre? car, semblable à cette affreuse maladie qui a décimé la population européenne, en 1831, elle se promène de localités en localités, qu'elle ne quitte qu'après y avoir laissé des vides immenses. Quelle que soit la cause de cette calamité, les cultivateurs des environs de Paris, à 15 lieues à la ronde, reconnaissent aujourd'hui, avec douleur, qu'ils perdront la plupart de leurs ormes avant

---

(1) Sans parler des arbres situés devant les théâtres et à la porte des marchands de vin, nous nous contenterons de faire remarquer que le tronc d'un des arbres le mieux portants des Champs-Élysées sert d'urinoir depuis un temps infini.

qu'ils aient atteint une grosseur suffisante pour le parti qu'ils espéraient en tirer.

En effet, si on examine un de ces arbres qui vient de succomber, rien ne devra surprendre davantage, car il n'y aura aucune apparence de lésion ; l'événement arrive souvent que l'arbre est entièrement couvert de feuilles, qu'il semble, par son port, jouir de la plus vigoureuse santé et défier les années; son écorce paraîtra intacte, les racines seront saines. Mais qu'on abatte ce même arbre et qu'on le laisse sur le sol, au bout de quelque temps l'écorce se détachera d'elle-même, et alors le tronc et les grosses branches apparaîtront entièrement couverts de galeries superficielles (*pl.* 2, *fig.* 3), qu'on serait tenté de prendre, au premier abord, pour des caractères hébraïques, ou, plus exactement, pour une représentation, en miniature, de ces foudres que les artistes mettent dans la main de Jupiter ou dans les serres de l'aigle. Si l'attention est portée un peu plus loin, on verra aussi que non-seulement la surface intérieure de l'écorce porte la contre-épreuve de ces empreintes, mais que chacune d'elles correspond à plusieurs trous qui traversent de part en part l'écorce morte, comme auraient pu le faire des grains de plomb du calibre n° 7 et quelquefois 5. Cela acquis, il est facile, avec un peu d'habitude, de reconnaître l'ouverture extérieure de ces petits trous, que des taches noirâtres, allongées, bien distinctes par leur forme, des croûtes de lichen de couleur semblable, accompagnent ordinairement. Pour peu alors qu'on ait des connaissances en histoire naturelle, on n'hésitera pas à attribuer ces arabesques, ce singulier tatouage, qu'offrent les ormes dépouillés de leur écorce morte, aux larves d'un petit insecte, et l'on comprendra les ravages considérables qu'elles peuvent faire malgré leur petitesse.

De tous les êtres qui vivent aux dépens de l'orme et sur lesquels nous nous abstiendrons d'entrer, pour le présent, dans de grands détails, voulant restreindre autant que possible les bornes de ce mémoire dans la crainte de le faire trop long, il n'y en a certainement pas de plus redoutables que les larves de scolyte ; et comment en serait-il autrement, si on veut faire attention que les œufs de cet insecte, déposés profondément dans l'écorce, se trouvent dans les meilleures conditions pour réussir tous, et que les larves qui en sortent pourvoient à leur nourriture, loin des agents extérieurs et même à l'abri de l'attaque des oiseaux insectivores (1)! Cependant il n'y a pas d'êtres nuisibles qui aient été plus négligés jusqu'à présent : ainsi, par exemple, on veille avec le plus grand soin à enlever les nids de chenilles qui ne font de tort qu'au feuillage qu'elles déparent ; des sommes considérables sont affectées tous les ans à cette opération. On s'est préoccupé beaucoup aussi de la présence d'une galéruque (*galeruca calmariensis*) qui, pour le dire en passant, apparaît quelquefois en si grand nombre à Saint-Cloud, où elle dévore tout le parenchyme des feuilles, lesquelles ressemblent alors à de la dentelle, qu'on brûla, en août 1825, littéralement, des tas de cet insecte au pied des ormes et qu'on fut obligé de faire ramoner les cheminées du pavillon de Breteuil qu'il avait obstruées. Voilà ce à quoi la plupart des jardiniers ne manquent pas d'attribuer la mortalité des ormes, tandis que le scolyte a le privilége de ravager complétement l'écorce (organe essentiel de la végétation) des plus beaux arbres, sans qu'on s'en émeuve le moins du monde.

Les pertes incalculables que l'on fait, chaque année, en ormes francs et tortillards, pertes d'autant plus grandes que, rien ne faisant présager une mort subite, on ne se décide à abattre ces arbres, pour en tirer parti, que lorsque leur écorce ne fonctionne plus ou presque plus depuis longtemps, que lorsque le corps ligneux a été tellement détérioré par de fréquents étêtements, qu'il est à peine bon pour le chauffage, sont donc dues, ainsi que nous venons de le dire, à la présence d'un petit ver ; mais, avant d'entrer dans des détails

(1) Le scolyte destructeur, ou, plutôt, les larves de cet insecte ont bien aussi leurs ennemis, leurs parasites ; mais que peuvent faire les attaques des ichneumons, du *bracon initiator* (Wesmael), qui accompagne partout le scolyte, lorsqu'elles sont aussi profondément retranchées, ainsi que nous venons de le dire? La destruction qui en résulte doit être insignifiante.

à son égard et pour rendre notre travail aussi méthodique que possible sous le rapport du traitement, que nous ferons connaître dans la seconde partie de ce mémoire, nous mentionnerons, en second lieu, les ravages, sinon plus considérables, du moins plus apparents, d'une autre larve aussi grosse que la première est petite.

Les arbres qui en renferment offrent des galeries assez grandes pour loger le doigt (*pl.* 4, *fig.* 4) ; le tronc, au lieu d'être creusé superficiellement, est profondément rongé par places ; il prend un aspect caverneux (*pl.* 4, *fig.* 3). Malgré l'énergie de cette larve, disons tout de suite qu'elle est moins redoutable que la première et n'a, dans la plupart des cas, que l'inconvénient d'altérer le bois de l'arbre sans porter atteinte à l'ensemble de sa végétation.

L'insecte qu'en raison de la gravité des ravages nous mettrons en première ligne est donc le scolyte, ce pygmée de la création, qui fait cependant disparaître les plus beaux ormes de nos promenades, de nos parcs, des arbres gigantesques comme ceux du bas parc de Saint-Cloud, dont la circonférence va quelquefois à 5 mètres sur 40 à 43 d'altitude ; nous parlerons d'abord de cette chétive créature qui met un terme à l'existence de végétaux dont la plantation remonte au règne de Henri II et peut-être bien au delà de l'année 1550. Trois espèces bien distinctes et bien caractérisées, les *scolytus destructor* (Oliv.), *multistriatus* et *pygmæus* (Ratz.), se sont associées pour cette œuvre de destruction, et toutes trois, aussi redoutables les unes que les autres, se sont partagé, en raison de leur taille, la première, qui est la plus forte, les ormes les plus gros, les deux autres les jeunes ormes et les branches secondaires des gros ormes. Ces insectes se trouvant décrits dans la plupart des auteurs, nous nous contenterons de dire qu'ils appartiennent aux coléoptères de l'ordre des xylophages, nous étant borné également à figurer le principal avec sa larve, sa nymphe (*pl.* 1re, *fig.* 1 à 6) et ses ravages. Examinons maintenant le mal qu'ils font, surtout à l'état de larves.

Les scolytes de l'orme, à deux époques différentes, au commencement de mai et à la fin de juillet, se nourrissent de ses jeunes pousses qu'ils rongent dans le renflement formé par le point d'insertion de cette pousse avec celle de l'année précédente, en faisant une ouverture circulaire dirigée obliquement de haut en bas vers le centre de la tige. Heureusement, pour l'orme, que ces plaies sont rapidement remplies par une espèce de cal qui empêche les jeunes pousses de se briser sous les efforts du vent, peut-être bien aussi grâce à la disposition latérale des feuilles qui les garnissent ; car, si elles étaient disposées en touffes terminales comme dans les chênes attaqués du *scolytus intricatus,* on verrait les ormes dépouillés de leurs rameaux, d'autant plus compromis dans leur existence que le tronc serait fortement infesté de larves. De même que pour les chênes que nous venons de citer, les ormes les plus élevés sont recherchés de préférence par les scolytes qui leur sont propres. Vers la fin de mai et le commencement du mois d'août, quelquefois beaucoup plus tôt, suivant, au reste, l'état de la saison, ils en descendent pour s'abattre sur le tronc et les branches des mêmes arbres ou sur ceux des plus voisins; ils choisissent de préférence le côté du tronc abrité des pluies froides du nord-ouest, côté ordinairement couvert de mousse dans les vieux arbres : on les y voit alors, animés d'un grand mouvement, occupés les uns à faire élection d'une place favorable pour pénétrer dans l'écorce, les autres à percer des trous avec leurs fortes mandibules en scie, principalement au fond des enfoncements en cul-de-sac que présentent supérieurement les crevasses longitudinales de l'écorce des gros arbres. Ce mode d'introduction est surtout bien sensible dans les ormes à écorce épaisse, tels que l'orme subéreux ; car, après avoir enlevé les rugosités qui les caractérisent, on peut très-bien suivre, à la surface de la jeune écorce mise à nu, le parallélisme qui règne entre les trous de scolytes. La formation de ces trous nous a semblé ne devoir être attribuée qu'à l'insecte femelle, le seul qu'on observe ordinairement à cette époque de l'année sur le tronc des arbres attaqués. L'orifice un peu évasé de la galerie à laquelle il donne naissance, creusé en sens inverse de celui de la galerie destinée à la nourriture de l'insecte, dans les sommités de l'arbre, est par conséquent dirigé obliquement de bas en haut. Cette sage disposition a évidemment pour but de mettre l'insecte et sa ponte à l'abri des intempéries, et surtout de l'eau, qui ne manquerait pas de s'y introduire, lorsqu'elle découle le long de l'arbre dans les temps pluvieux, si l'orifice était placé différemment ; l'autre, au contraire, non moins bien combinée, permettait à l'insecte d'aller au-devant de la sève ascendante, au moment de se répandre dans le parenchyme des feuilles. Pour savoir si un arbre est nouvellement attaqué, il faut donc regarder son tronc de bas en haut, ce qui est surtout indispensable pour l'orme tortillard, dont les écailles épidermiques sont un peu imbriquées. Si un orme l'est depuis longtemps, il offrira deux sortes de trous : ceux d'entrée, que nous venons de décrire, et des trous de sortie sur les parties de l'écorce non crevassées, et même dans les parois des crevasses, ces derniers étant bien reconnaissables à leur orifice net et perpendiculaire au plan de l'écorce (*pl.* 1re, *fig.* 7).

Après avoir ainsi perforé l'épiderme plus ou moins épais de l'écorce, le scolyte continue de cheminer en s'enfonçant de plus en plus à travers les couches médullaires tendres et même le liber jusqu'à l'aubier, à la surface duquel, toujours en remontant parallèlement aux fibres ligneuses, et quelles que soient d'ailleurs les flexuosités et l'inclinaison du tronc et des branches (1), il trace un léger sillon droit de 2 à 3 millimètres de largeur sur 4 à 5 centimètres de longueur (*pl.* 1re, *fig.* 8). L'insecte se tient de côté pour creuser sa galerie.

(1) Il existe, dans les collections, des échantillons d'ormes avec des ravages d'insectes qui ne diffèrent de ceux du scolyte que parce que la galerie femelle est transversale aux fibres ligneuses. Comme on ne manque pas d'attribuer ces ravages à des scolytes, nous croyons devoir faire remarquer qu'ils sont, au contraire, dus à une petite espèce d'*hylesinus*, l'*hylesinus varius*, qui ne se jette sur les ormes qu'après leur abatage, sur les bois en grume ou en chantier et dont les larves, chose remarquable et bien faite pour fortifier l'erreur, éclosent en même temps que celles du scolyte. Puisqu'ils ne font pas de tort aux arbres vivants, ils n'ont donc rien de commun avec la maladie qui nous occupe.

C'est au commencement de cette opération, du creusement de la galerie, que la fécondation a lieu : le scolyte mâle arrive, y pénètre, et comme il n'y a pas de place pour loger côte à côte deux insectes à la fois, bien que le mâle soit de beaucoup plus petit que la femelle, le premier ne tarde pas à attirer l'autre jusqu'à l'entrée de la galerie, et là, en se retournant brusquement, il applique, à cinq ou six reprises, sa houppe soyeuse contre les parties génitales de la femelle, en l'attirant autant de fois hors de son trou dans lequel elle tend toujours à rentrer. Le mâle se dirige ensuite vers d'autres galeries qu'il cherche avec beaucoup d'empressement et d'où il est quelquefois repoussé avec perte ; l'insecte femelle a fait alors volte-face, ce qui arrive chaque fois qu'on l'inquiète dans sa galerie.

Lorsque la galerie est achevée, et, plus vraisemblablement, au fur et à mesure de son creusement, le scolyte femelle dépose, de chaque côté et dans de petites échancrures, des œufs assez perceptibles à l'œil pour n'avoir pas besoin de recourir à la loupe. L'accomplissement de cette ponte dure à peu près un mois, durant lequel les premiers œufs pondus éclosent ; de sorte qu'au bout de ce temps on trouve des larves de toutes les grosseurs déjà assez loin de leur berceau. Quoi qu'il en soit, ces larves n'atteindront leur entier développement qu'à la fin de l'hiver ou au milieu de l'été, suivant que la ponte aura eu lieu à l'automne ou au printemps, la première étant ordinairement la plus importante. Le but de la nature étant rempli, le scolyte femelle se laisse mourir, et l'on trouve souvent son squelette moisi à l'entrée de sa galerie, que nous appellerons *ovifère*, pour la distinguer d'autres galeries dont nous allons bientôt nous occuper. Il gît là, comme s'il avait eu pour dessein, après sa mort, d'en défendre l'approche à une petite espèce d'ichneumon, au *bracon initiator*, qui, au moyen de son long oviducte, cherche à y déposer des œufs, d'où sortiront des larves destinées à aller dévorer, dans leurs retranchements les plus profonds, celles du scolyte, avec les débris desquelles

elles se feront encore des coques (1). L'insecte femelle meurt alors que depuis longtemps le mâle a accompli sa destinée au dehors de l'arbre, en devenant sans doute, pour la plupart du temps, la proie des oiseaux. Cependant la reproduction annuelle de cet insecte ne semble pas toujours confiée à des larves, la nature prévoyante ayant permis à des scolytes femelles, et peut-être bien à quelques scolytes mâles, de passer l'hiver ; aussi voit-on quelquefois, par un temps doux et un beau soleil, dans cette saison, des scolytes se promener sur l'écorce des arbres. C'est pour la raison que nous venons de donner, plus haut, de deux pontes dans l'année, qu'en ouvrant, au printemps, l'écorce d'ormes très-malades, on observe souvent deux degrés bien tranchés dans les larves : les unes, et les plus communes, sont parvenues à toute leur grosseur ; les autres, d'une petitesse extrême, semblables à de la graine de pavot, ne font que d'éclore.

Quelle que soit l'époque à laquelle l'éclosion aura lieu, il sortira du sillon ovifère une centaine de larves environ, qui iront vivre séparément, au nombre de cinquante de chaque côté. D'abord elles chemineront parallèlement, puis, au fur et à mesure qu'elles grossiront, que leurs galeries deviendront plus larges, elles s'écarteront les unes des autres, à des distances égales, comme si elles se fussent mesuré le terrain nécessaire à l'évolution de chacune d'elles, ordre bien digne de remarque, qui ne sera troublé qu'à la rencontre d'une autre famille, et alors il faudra bien que les galeries s'entre-croisent réciproquement : on peut encore remarquer, sur le tronc dénudé d'un gros orme, que les espaces nécessaires à chaque famille semblent avoir été délimités à l'avance ; enfin elles chemineront jusqu'à ce qu'elles se métamorphosent en chrysalides et, définitivement, en insectes parfaits. Cependant il s'en faut beaucoup que

(1) Le parasitisme, qui sert tant à maintenir l'équilibre entre tous les êtres organisés, ne s'arrête pas là pour l'histoire des ennemis de l'orme : les larves de l'*hylesinus varius*, qui font leurs galeries à côté de celles du scolyte sur les ormes en grume, sont à leur tour *parasitées* par un très-petit chalcidite.

ces changements de forme aient lieu aux mêmes époques pour tous les individus d'une même famille : pendant que les uns sont encore à l'état de larves plus ou moins grosses, d'autres sont devenus des chrysalides transparentes qui impriment presque constamment à leurs corps un petit mouvement de rotation, tantôt à droite, tantôt à gauche. Il y a aussi des insectes parfaits, les uns à peine colorés, les autres plus avancés, occupés à percer l'écorce pour sortir de leur prison (1). Quant au parallélisme constant qui règne entre le sillon ovifère et celui des fibres végétales, n'a-t-il pas pour but de favoriser la nourriture des jeunes larves en les mettant à même de profiter le plus possible du cours descendant de la sève, admirable prévision que nous avons déjà signalée à l'occasion de l'insecte parfait, dans des circonstances tout à fait semblables ? Nous sommes tellement porté à croire qu'il en est ainsi, que, dans les ormes tortillards, où les fibres ligneuses sont très-tourmentées, comme entortillées, les galeries ovifères éprouvent de grandes déviations. L'espace ovale, de 5 à 8 centimètres dans son plus petit diamètre, parcouru par une famille de larves, à la surface de l'aubier (*pl.* 1re, *fig.* 8), semble, ainsi que nous l'avons dit, avoir été couvert à dessein de caractères hébraïques ; mais, pour donner une juste idée du sillon ovifère sous le rapport du point de départ de chaque larve, indiqué par une petite échancrure, nous ne saurions mieux le comparer qu'au trophosperme sutural des crucifères, portant l'empreinte de l'insertion alterne des graines.

La multiplicité seule de ces espaces, ravagés chacun par une centaine de larves environ, finit par déterminer la mort d'un arbre de la manière suivante : les galeries des familles,

---

(1) On a beau mettre à nu la loge où s'accomplit cette dernière métamorphose, en détachant l'écorce du tronc qui fermait la paroi inférieure de la galerie, les scolytes, qui pourraient si bien s'échapper par là, n'en profitent pas ; ils n'en continuent pas moins leur travail jusqu'à ce qu'ils aient perforé l'écorce, tant il est vrai que les instincts sont invariablement arrêtés d'avance par la nature.

d'abord en petit nombre, tendent à affaiblir la circulation générale en l'interrompant sur une foule de points par leur disposition horizontale ; si plus tard, durant l'été, elles augmentent de manière à venir se toucher, à empiéter même les unes sur les autres, dans tout le périmètre du tronc, on voit alors les feuilles de l'arbre, qui est dans cette fâcheuse position, se faner tout à coup. Si à cette cause nous joignons la propriété absorbante qu'a la matière semblable à de la sciure de bois provenant de la nourriture des larves qu'elles accumulent derrière elles dans leurs galeries, on concevra encore plus facilement la mort qui frappe si brusquement les ormes atteints du scolyte et du cossus ; car ce détritus, agissant comme une éponge, devra contribuer à ralentir le cours descendant de la séve ou s'opposer à l'assimilation du cambium avec les parties encore saines de l'écorce et du tronc. On devra enfin être d'autant moins surpris de la marche rapide du mal, que le tube cortical étant percé d'un grand nombre de trous dus à l'insecte parfait, ces trous donneront nécessairement lieu à une grande évaporation de la séve dans les années sèches. En un mot, la mort si soudaine des arbres nous semble, dans ce cas-ci, déterminée, d'une part, par l'interception du cours de la séve descendante, et, de l'autre, par la brusque dessiccation à laquelle les exposent les perforations multipliées de l'écorce.

Cependant, sous le rapport de la physiologie végétale, il est digne de remarque que, si les mêmes ravages ne se sont accomplis qu'à la fin de l'automne, le même arbre, grâce à la séve ascendante qui continue de monter par l'intérieur du tronc, pourra encore donner des feuilles non-seulement au printemps prochain, mais les conservera même toute l'année, pourvu qu'on lui ait laissé son écorce, morte il est vrai, mais susceptible d'entretenir de l'humidité autour du tronc, à l'aide du détritus dont nous avons parlé plus haut, et qui s'est converti en terreau ; elles pourront même reparaître l'année suivante, ainsi que nous en ont fourni la preuve des ormes chez lesquels, l'écorce demeurée en place, était complètement désorganisée, et d'autres individus sur lesquels nous avions enlevé des anneaux plus ou moins larges de cette même écorce morte, tout autour du tronc; en les mettant enfin dans les conditions de ces arbres (tilleul de Fontainebleau, marronnier du Luxembourg) qui végètent très-bien malgré l'enlèvement circulaire accidentel, arrivé depuis longtemps, d'une partie notable de leur écorce vivante. Nous espérons, pour le dire en passant, conserver un de ces arbres que nous avons opéré, sur le quai d'Orsay, près du champ de Mars; et cependant la solution de continuité occupe, dans cet individu, de moyenne grosseur, un espace considérable de près de la moitié du tronc, que nous avons eu soin d'enduire, la première année, d'onguent de Saint-Fiacre.

En général, les ormes très-attaqués du scolyte, *très-scolytés*, qu'on veuille bien nous permettre d'employer ce mot pour simplifier nos descriptions futures, offrent les traits suivants : on voit, sur leur tronc, de nombreuses taches noirâtres, allongées de haut en bas (*pl.* 1re, *fig.* 9, et *pl.* 2, *fig.* 3), qu'il est impossible de confondre, à cause de cette disposition, avec des taches de même couleur, mais étalées en tous sens, appartenant à des cryptogames du genre lichen ; elles sont évidemment dues à l'extravasation de la séve, qui s'est épanchée à la surface de l'écorce au moyen des petits trous de scolyte dont elle est criblée. Ce phénomène paraît avoir lieu surtout lorsque l'arbre languit tellement, par suite des attaques multipliées de l'insecte, qu'il n'a plus la vigueur nécessaire pour que les petites plaies qui en résultent puissent se cicatriser. On dit alors qu'il *prend le charbon*; en d'autres termes, qu'il annonce sa fin prochaine. Lorsque tout le tronc est d'un brun noirâtre, couleur de suie, on peut être assuré que l'arbre est complétement mort. A ces caractères tranchés il faut joindre l'état des branches supérieures qui fait rarement défaut ; au port que présente un orme, nous sommes presque sûr de reconnaître, à une assez grande distance, celui qui est scolyté. Les rameaux des arbres malades depuis quelques années ont généralement leurs sommités frappées de mort ;

l'écorce des branches est très-rugueuse. Cependant, pour acquérir la preuve que leur état maladif tient à la présence du scolyte, il faut, ainsi que nous l'avons dit au commencement de ce mémoire, recourir à des signes moins équivoques et rechercher le contrôle que donnent les orifices des galeries. Ajoutons que l'emploi du maillet de bois, proposé par **M. Michaux**, est aussi un bon moyen d'exploration pour distinguer les parties de l'écorce complétement mortes, ordinairement décollées, de celles qui ne le sont pas : en frappant légèrement le tronc avec cet instrument, on obtient des différences de son qui mettent très-bien sur la voie et l'étendue du mal, surtout quand il s'agit du cossus. A une certaine époque de l'année, depuis août jusqu'en septembre, alors que des scolytes femelles ont pénétré involontairement jusqu'aux sources profondes de la séve descendante qu'ils font sourdre au dehors sous forme d'écume rougeâtre, les arbres nouvellement atteints sont encore bien reconnaissables, aux essaims d'insectes qui se jettent sur le tronc pour butiner. Nous y avons reconnu des abeilles, des guêpes, des frelons, des bourdons, des taons, des mouches en plus grand nombre, et jusqu'à des papillons (grande et petite tortues) qui se disputent cette liqueur sucrée avec tant d'avidité, qu'on peut les déranger impunément ; le pied de l'arbre est également couvert d'une poussière rougeâtre provenant de la perforation de la vieille écorce. Enfin, pour la même raison que nous avons donnée plus haut, dans les localités très-humides, telles que le bas parc de Saint-Cloud, les scolytes respectent le pied de l'arbre jusqu'à une certaine hauteur, qui va quelquefois à 4 et 5 mètres. Cet espace inférieur n'en meurt pas moins par suite toujours de l'interception de la séve descendante, quelle que soit la partie du tronc où elle a lieu, et l'intervalle compris entre l'écorce et le corps ligneux se trouve, pour le dire en passant, souvent occupé par des *telephora* (1).

Il est certain qu'un arbre déjà attaqué du scolyte devien-

(1) Nous avons vu un de ces cryptogames qui embrassait complétement

dra le point de mire des insectes de même genre qui voltigent dans un canton ; animé d'une circulation moins active, il conviendra beaucoup mieux à la nourriture de leurs larves, qui seraient noyées dans les torrents de séve d'un arbre vigoureux. Rien ne prouve qu'ils cherchent à rendre malades les ormes, avant d'en faire leur proie entière : sur des arbres aussi bien portants en apparence qu'on peut se l'imaginer, *parfaitement verts et situés au sein des forêts*, nous avons vu les scolytes femelles s'y jeter, ne faire leurs galeries qu'entre l'écorce morte et l'écorce vivante, tandis qu'elles traversent les deux couches corticales (vieille et nouvelle), en passant entre le liber et le bois sur des arbres maladifs ou abattus depuis quelque temps ; et la preuve qu'il doit en être toujours ainsi, c'est que, chaque fois que le scolyte allait trop avant dans le premier cas, en donnant lieu aux écoulements de séve dont nous avons déjà parlé, il abandonnait sa galerie inondée, où il se noie souvent, pour en faire une autre à côté. Il est donc de la plus parfaite évidence pour nous, maintenant, que par le seul fait d'une grande propagation, si bien garantie par la manière dont elle a lieu, les scolytes se jettent indistinctement sur tous les ormes à leur portée, principalement sur ceux qui sont en ligne ou qui se touchent. C'est ainsi qu'un arbre très-malade se trouve ordinairement environné d'arbres plus ou moins attaqués du même insecte, de telle sorte que, de proche en proche, toute une plantation finit par en être infestée : Paris, malgré ses neuf lieues de tour, en offre un bien triste exemple, car on peut dire aujourd'hui, sans crainte de tomber dans l'exagération, que presque tous les arbres de ses boulevards (*intra* et *extra muros*), au nombre de cinquante à soixante mille, sont atteints du scolyte et que la plupart sont gravement compromis ; des lignes entières de gros ormes disparaissent tous les ans.

Tout ce que nous venons de dire du scolyte destructeur peut

le pied d'un orme de 4 mètres de circonférence et se terminait, à 4 mètres 55 centimètres de hauteur, par de larges digitations.

très-bien s'appliquer aux deux petites espèces : les *scolytus multistriatus* et *pygmæus* font périr exactement de la même manière les jeunes ormes, et, si leurs ravages sont moins sensibles dans les branches secondaires des gros ormes, c'est que les jeunes pousses dont elles se couvrent annuellement paralysent leur action ; elles se guérissent d'elles-mêmes, pourvu que le tronc ne soit pas trop ravagé par la grande espèce de scolyte.

Le traitement que nous avons proposé et mis en pratique sur une grande échelle, pour combattre ces insectes et en purger les arbres, étant propre également à atténuer les ravages de la grosse larve qui accompagne ordinairement les scolytes et même à guérir les arbres qui en sont atteints, nous croyons devoir faire suivre immédiatement les observations que nous avons faites sur les mœurs et les ravages de cet hôte redoutable.

Au nombre des papillons qui se développent sur les ormes, il en est un, le *cossus ligniperda* (Fabr.), lépidoptère nocturne voisin des *bombyx* qui, pour pondre vers le milieu de l'été, s'applique sur leurs troncs, notamment, à ce que l'on nous a assuré, sur celui de la variété à grandes feuilles. Favorisé par sa couleur, qui le fait confondre avec celle de l'écorce et l'empêche, malgré sa grosseur, de devenir facilement la proie des oiseaux, il dépose çà et là, principalement un peu au-dessous du point de départ des grosses branches, ainsi qu'au fond des crevasses, une grande abondance d'œufs. Les chenilles ou plutôt les larves qui en sortent, entraînées par leur propre poids, descendent ou tombent jusqu'au pied de l'arbre ; dans ce trajet, quelques-unes, déjà longues de 15 à 16 mill. dans les premiers jours d'août, s'y introduisent à la faveur des crevasses profondes de la vieille écorce qui mettent la jeune à leur portée, mais le plus grand nombre se porte sur le collet de l'arbre qu'il attaque de la même manière ; elles descendent même, dit-on, jusque dans la terre qui enveloppe le pied de l'arbre. Nous avons d'ailleurs vu une grosse larve de cossus émigrer à une grande distance.

Rien n'est facile à reconnaître comme la présence des larves de cossus dans les ormes; un suintement rougeâtre accompagné d'un peu de détritus végétal semblable à de la sciure de bois, qui s'échappe par des ouvertures irrégulières, manque rarement de les trahir. Si on ouvre alors ces repaires, disposés ordinairement en chapelets le long du tronc de l'arbre, et d'un seul côté à la fois (*pl.* 4, *fig.* 5), pour le motif que nous venons de donner, on y trouve assemblées des larves rougeâtres plus ou moins grosses, depuis le volume d'une plume de corbeau jusqu'à celui du doigt annulaire (*pl.* 3, *fig.* 3 à 5), et qui exhalent une odeur nauséabonde. Connues de tout le monde sous les noms vulgaires de gâte-bois, ronge-bois, perce-bois, elles mettent près d'un an à leur entier développement et ne se transforment en papillons (*pl.* 3, *fig.* 1) qu'en avril ou mai, après avoir aminci tellement les couches supérieures de l'écorce, que la chrysalide (*pl.* 3, *fig.* 2), renfermée dans une coque oblongue (*pl.* 3, *fig.* 6), n'a plus qu'un léger effort à faire pour la rompre et livrer passage à l'insecte parfait.

L'espace dans lequel se sont réunies primitivement ces larves devenant trop étroit pour les loger toutes, au fur et à mesure qu'elles grossissent, de même que le scolyte, elles s'écartent les unes des autres en établissant des galeries horizontales (*pl.* 4, *fig.* 3) proportionnées à leur grosseur; mais plus robustes que celles du scolyte, elles ne se contentent pas de vivre aux dépens de l'écorce et de l'aubier, qu'elles entament de part et d'autre profondément, elles pénètrent jusque dans le corps de l'arbre qu'elles traversent quelquefois entièrement, surtout si le sujet est jeune et en accumulant derrière elles des détritus de végétaux. L'ouverture du trou est ovale; son grand diamètre, dirigé dans le sens des fibres ligneuses, a 2 centimètres sur 1 de largeur. Les trous de ce genre, faits par des larves parvenues à toute leur grosseur, pénètrent de bas en haut dans le corps de l'arbre, cette disposition ayant, sans doute, aussi pour but d'abriter l'insecte de la pluie. En général, ces larves se maintiennent de préférence dans la couche d'aubier, où elles rencontrent à la fois un tissu plus tendre, plus facile à entamer et surtout plus imprégné de sucs séveux.

On conçoit donc que, si deux larves de cossus partant du même point et cheminant en sens opposé entre l'écorce et l'aubier viennent à se rencontrer, le tronc qui les nourrit sera complétement cerné ; une seule larve peut quelquefois produire le même résultat sur un très-jeune sujet : c'est ce qui amène la mort, aussi brusque qu'inattendue, de tant d'ormes de moyenne taille, succombant exactement de la même manière que par l'effet du scolyte ou par interruption complète de la séve descendante ; si ce n'est cependant quelques individus, qui, rechaussés au-dessus du mal avivé, ont pu fournir des bourgeons radicaux pour suppléer à la destruction du collet et se rétablir. Sur les gros arbres, l'action du cossus, moins funeste, se borne généralement à détruire le corps ligneux, à tel point qu'une foule d'individus qui ont eu à supporter de nombreuses atteintes de cet insecte ne vivent plus aujourd'hui que par des lambeaux d'écorce qui se sont revêtus intérieurement de bois. Nous connaissons, pour en citer un exemple frappant, un gros orme (*pl.* 4, *fig.* 1 à 2) situé près de la porte des Bains-des-Pages, dans le parc extérieur de Versailles, tellement modifié dans son port par cette action, que son tronc est, inférieurement, divisé en trois parties, de manière à présenter trois colonnes qui, par leur écartement triangulaire, ne peuvent que rendre l'arbre, aussi bien que par le passé, propre à résister aux ouragans. Le *cossus ligniperda*, qui n'entre, suivant nous, que pour 1/5, 1/4, 1/3 au plus dans les ravages que nous étudions, et encore n'atteint-il ces proportions que dans les villes où il paraît se plaire davantage, défigure donc plutôt les arbres qu'il ne les fait périr. Enfin, pour achever son histoire, bien qu'il attaque indifféremment tous les arbres avec ou sans la présence du scolyte (*pl.* 4, *fig.* 6), il semble cependant rechercher de préférence les jeunes ormes, et c'est ainsi qu'en traitant un individu de 0m,70 de circonférence et âgé seulement de 25 ans nous avons trouvé, tant dans l'intérieur de cinq chambres disposées en chapelet qu'autour du collet, près de 170 larves.

DU SCOLYTE ET DU CALLIDIUM DES POMMIERS.

Des ennemis non moins redoutables que les premiers font également un tort considérable aux pommiers à haute tige, notamment aux pommiers à cidre ; c'est encore à eux qu'il faut attribuer la mortalité effrayante qui se manifeste en Normandie, en Beauce et jusqu'aux environs de Paris : ce sont le *scolytus pruni* (Ratz.) et le *callidium sanguineum?*

Bien que ces insectes soient tous deux des coléoptères, ils n'en représentent pas moins bien, chose remarquable, par la différence de taille de leurs larves, celles du scolyte et du cossus de l'orme ; c'est pour ainsi dire la même association : la larve du *scolytus pruni* est presque aussi grosse que celle de son congénère le *destructor*, tandis que la larve du *callidium* est comparable à celle d'un jeune cossus.

Ces larves font des ravages qui ont aussi la plus parfaite ressemblance avec ceux qu'on observe sur l'orme, si ce n'est peut-être que les larves du *scolytus pruni* sont plus vagabondes, reviennent sur elles-mêmes en entre-croisant leurs propres galeries ; l'espace qu'une famille occupe pour l'évolution de tous ses membres est, par conséquent, beaucoup plus grand que celui du *scolytus destructor* et a une forme irrégulière : ajoutons qu'avant de se transformer en chrysalides elles se creusent un petit enfoncement terminé en cul-de-sac, aux dépens de l'aubier. Le *callidium* diffère aussi du *cossus* en ce qu'il se tient davantage entre l'écorce et l'aubier ; aussi entre-t-il pour une plus grande part dans la mortalité des pommiers que le cossus à l'égard de l'orme.

Les arbres qui sont affectés de l'une ou de l'autre larve, ou des deux réunies, se reconnaissent également de loin, à la stérilité des rameaux supérieurs ; et, dans le voisinage des forêts, à la grande fréquentation des piverts, très-avides des larves qu'ils renferment et qui couvrent le tronc malade de petits trous infundibuliformes.

DES HYLESINUS DU FRÊNE (*fraxinus excelsior*).

Tous les entomologues savent que le frêne nourrit dans son écorce, en abondance, les *hylesinus fraxini* et *varius*, mais personne, que nous sachions, n'avait remarqué, avant nous, qu'une troisième espèce, l'*hylesinus crenatus*, qui n'était guère connue qu'en Suède, s'y trouvât quelquefois en grand nombre. Ayant voulu nous rendre compte, l'année dernière, des causes qui faisaient succomber les magnifiques frênes du bas parc de Saint-Cloud, dont les sommités souffrantes avaient beaucoup de rapport avec celles des ormes et des pommiers affectés du scolyte, nous sûmes bientôt à quoi nous en tenir, en les voyant criblés de trous qu'au premier abord nous crûmes avoir été déterminés par une grande espèce de scolyte.

Les *hylesinus fraxini* et *varius*, moins redoutables que les petites espèces de scolyte, entament trop peu l'écorce pour compromettre l'existence des gros frênes; du moins ne voit-on de traces de leurs galeries, que sur le bois des jeunes baliveaux en grume depuis longtemps dans les chantiers; l'*hylesinus crenatus*, au contraire, d'une taille au moins aussi forte que celle du scolyte destructeur, pénètre dans l'écorce de la même manière, à la faveur des crevasses qui mettent la jeune écorce à sa portée. Mais, après avoir percé, comme le scolyte, son trou de bas en haut, au lieu de marcher parallèlement aux fibres ligneuses, il s'en écarte à angle obtus, fait de chaque côté, pour y pondre, une galerie qui finit par devenir horizontale et dont la réunion ressemble assez bien à une accolade de chiffres (⏟). Il en éclôt un grand nombre de larves qui se comportent comme celles du *scolytus pruni*, c'est-à-dire qui, arrivées au terme de leur développement, se creusent aussi, à la surface de l'aubier, un petit enfoncement terminé en cul-de-sac pour s'y tranformer en chrysalide.

Quant à la nourriture des *hylesinus*, à l'état d'insectes parfaits, nous sommes porté à croire que, semblables aux scolytes, ils l'empruntent aux jeunes rameaux des frênes ; de même que, pour le dire en passant et à titre de renseignements, nous avons vu le *scolytus intricatus*, propre au chêne, prendre la sienne à l'origine de ses touffes terminales de feuilles, qu'il fait quelquefois tomber en si grande abondance, que l'arbre paraît gravement compromis, ou du moins a besoin de plusieurs années pour se rétablir.

DU SCOLYTE DES ÉPINES ROSES ET BLANCHES.

Jusqu'à présent nous n'avons pu nous procurer l'insecte qui fait succomber les belles épines roses et blanches du jardin du Luxembourg ; mais, d'après les ravages que nous avons observés sur ces arbres, nous avons tout lieu de croire qu'ils sont dus à une grande espèce de scolyte propre à ces rosacées.

DEUXIÈME PARTIE.

TRAITEMENT.

Avant d'aborder ce sujet, qu'on veuille bien nous permettre de hasarder quelques réflexions relativement 1° au caractère qui peut permettre de faire distinguer nettement les végétaux des animaux, 2° et au rôle que joue l'écorce de l'arbre.

Depuis que Linné a dit, sous forme d'aphorisme : « Les minéraux croissent, les végétaux croissent et vivent, et les animaux croissent, vivent et sentent, » d'habiles expérimentateurs ont cherché à démontrer que la ligne de démarcation entre les végétaux et les animaux était plus difficile à tracer qu'on ne l'avait pensé à l'époque du célèbre botaniste suédois : en effet, dans ces derniers temps, où la physiologie végétale a fait de si grands progrès, on a cru reconnaître un système nerveux dans les plantes ; la sensibilité a du moins été constatée dans quelques-unes : le cambium, qui charrie les matériaux propres à la formation de nouvelles couches d'aubier et de liber, a été comparé au rôle du sang dans nos muscles ; la respiration, l'excrétion ont été parfaitement établies. D'après ce que nous connaissons de l'anatomie végétale, nous pouvons avancer aujourd'hui que la circulation des sucs nourriciers empruntés à la terre se fait de bas en haut, et réciproquement, c'est-à dire que la séve, après avoir monté depuis les racines jusqu'aux branches, en passant par le centre des couches ligneuses les plus voisines du canal médullaire, descend ensuite des sommités de l'arbre, entre l'écorce et l'aubier ; nous savons que ce phénomène s'opère au moyen de petits renflements appelés *spongioles,* qui terminent les fibres les plus déliées des racines ; nous savons aussi que, à un petit nombre d'exceptions près, les organes de la fécondation sont dans les parties les plus élevées de la plante.

Or, si le végétal, par le rapprochement que nous venons d'établir, est très-voisin de l'animal, s'il paraît continuer ou terminer la grande chaîne d'organisation qui tend à former un réseau complet sur le globe, à quels signes saillants pourra-t-on le reconnaître? L'aphorisme de Linné doit-il nous suffire? nous contenterons-nous des *différences assez marquées* signalées dans les ouvrages pour caractériser les deux grandes divisions des êtres organisés? La faculté de se mouvoir, qui entraîne, chez les animaux, un système de fibres contractiles, un véritable système nerveux, l'élaboration des substances nutritives avant d'être prises par les vaisseaux chylifères pour être entraînées dans le torrent de la circulation, etc. ; tous ces phénomènes, non accessibles à la vue, sont-ils suffisants pour faire distinguer la première division de la seconde, qui n'a que des fibres inertes, pas de canal intestinal, pas d'estomac, par conséquent pas de digestion, qui n'a pas de cœur pour servir d'impulsion aux fluides nourriciers? Ne pourrait-on donc pas trouver, dans l'ensemble de la deuxième division, un caractère mieux tranché pour la faire reconnaître à la première vue? Essayons si nous ne pourrions pas l'emprunter au port ou à la station des végétaux.

Si on veut faire attention au rapport qui existe entre les organes de manducation ou d'absorption et de reproduction chez les animaux et les végétaux, nous verrons qu'en général ils sont diamétralement opposés; jusqu'à présent, rien de plus parfait que ce rapprochement : mais, si nous cherchons à voir comment ils sont disposés relativement au milieu dans lequel ils doivent remplir le but de la nature, oh! alors nous aurons une différence des plus marquées.

Les animaux tendent à redresser la tête pour prendre leur nourriture, tandis que les végétaux enfoncent, au contraire, leurs racines dans la terre pour y puiser, au moyen des spongioles, les sucs qui leur conviennent.

La tête, chez les animaux, tend à occuper la partie supérieure de l'individu, à l'élever vers le ciel; c'est tout le contraire pour les végétaux : la leur, quoi qu'on fasse, cherche toujours à s'enfoncer, à se cacher dans la terre.

Chez les animaux, les organes de la reproduction sont cachés, tandis qu'ils sont très-apparents dans les végétaux; abrités, chez les premiers, par des poils, des écailles, des expansions cutanées, ils sont retranchés au fond d'anfractuosités plus ou moins profondes, tandis qu'ils occupent, chez les seconds, les parties les plus saillantes de l'individu où ils s'épanouissent et semblent le mettre entièrement sous leur dépendance.

La plus grande force musculaire des animaux, et conséquemment la partie la plus développée de leur corps, la plus charnue, est celle qui est tournée vers la tête; de même, chez les végétaux, ce que l'on est convenu d'appeler le pied et ce qui est pour nous la tête est la partie la plus forte, la plus riche en produits.

Les végétaux peuvent donc, d'après notre manière de voir, être considérés comme des êtres renversés dont la tête plonge dans la terre et le pied se dirige en sens opposé.

Tout, d'ailleurs, n'est-il pas disposé chez eux pour faciliter le plus possible la nutrition et la reproduction?

Cette *grande différence* dans le port ou la station, dont nous croyons pouvoir nous servir pour distinguer nettement les végétaux des animaux, est cependant, empressons nous de le faire remarquer, le résultat d'une des plus sages prévisions de la nature, si toutefois on peut oser dire qu'il y a des degrés dans sa sagesse.

En effet, pour peupler les espaces immenses du globe, de ces géants de la création, privés de locomotion apparente, enchaînés par leurs propres bras au sol, la nature les a mis à même de se féconder et de fructifier dans le sein infini de l'air; elle ne s'est pas contentée de les rendre hermaphrodites, elle a voulu aussi que leurs progénitures sortissent des parties les plus élevées de la cime, afin qu'au moyen des plumes, des aigrettes, des ailes dont elle les a pourvues, les vents pussent plus facilement opérer leur transport à travers les plaines et par-dessus les montagnes, jusqu'au bord de la mer, qui s'en empare à son tour et achève de les disséminer dans toutes les parties du monde, à leur convenance.

Examinons maintenant l'arbre relativement à son écorce, qui joue un si grand rôle dans le traitement que nous lui faisons subir, pour le guérir des insectes destructeurs.

Il n'y a certainement pas d'être plus fort, plus élevé, plus majestueux dans la nature qu'un bel arbre : considéré dans son ensemble, c'est assurément le Goliath de la création; mais aussi en est-il un plus mal partagé sous le rapport de la conservation? y a-t-il un être qui soit plus asservi, moins respecté? Fixé au sol, comme le polype, par sa demeure pierreuse, il ne peut se soustraire aux influences, aux agents de toutes sortes qui l'assaillent; il lui faut tout supporter, et l'insecte qui dévore son écorce, son bois, ses racines, ses fleurs, ses fruits; et l'oiseau qui se sert de son tronc, de ses branches pour y couver; et le quadrupède qui broute ses jeunes rameaux; et les cryptogames qui incrustent son écorce, ses feuilles; et l'homme qui le taille, le déforme, le fait pousser suivant ses caprices. Cependant les longues branches dont la nature l'a pourvu si libéralement, garnies de feuilles toujours déployées, semblent avoir pour but de le dédommager un peu en offrant la plus grande surface possible à l'action de l'air, pour que cet agent puisse, dans son agitation presque incessante, procurer à l'ensemble de l'arbre un exercice salutaire, provoquer, aider la gerçure des couches supérieures de l'écorce qui étreignent le jeune bois comme dans un étau et s'opposent à son développement ultérieur (1). A voir les orages se ruer sur les forêts, on dirait qu'ils veulent abaisser l'orgueil de ces chênes si fiers, en abattant les cimes les plus élevées; mais, en revanche, n'ont-ils pas pour effet, dans leurs efforts violents, de solliciter la chute de ces écailles épidermiques qui étouffent la jeune écorce, qui l'enveloppent comme un linceul? Les pluies abondantes dont ils sont accompagnés viennent bien encore enlever la poussière qui les souille et nuit, par conséquent, à leurs fonctions d'absorption et d'exhalation.

Toutes ces actions d'une nature prévoyante, suffisantes pour les forêts, le sont-elles pour maintenir l'arbre en bonne santé dans nos villes, où la vie subit de si grandes modifications, aussi bien chez les hommes que chez les plantes, où l'on fait mûrir en hiver ce qui appartient à l'été, où l'on fait changer les fleurs de forme, de couleur aussi facile-

(1) Tout le monde a remarqué que les cernes sont plus apparents vers le centre de l'arbre que vers la périphérie du tronc; en d'autres termes, qu'ils sont d'autant moins épais qu'ils s'éloignent davantage du canal médullaire; mais ne pourrait-on pas attribuer cette diminution graduelle à la même action ou à la constriction de l'écorce, qui est d'autant plus épaisse que l'arbre est plus âgé? Les couches ligneuses diminueraient-elles d'épaisseur en raison de l'accroissement inverse des couches corticales?

ment qu'on fait adopter aux femmes des modes nouvelles? nous n'osons le croire. Les végétaux étant, aussi bien que les animaux, susceptibles de soins hygiéniques, y aurait-il enfin de la témérité à ce que l'homme vînt à leur aide en cherchant, avec ses moyens aujourd'hui si variés et si puissants, à les débarrasser complétement de ces croûtes épidermiques qui, malgré les efforts de la nature, persistent la plupart du temps dans nos arbres forestiers et fruitiers et deviennent la source d'une foule de maladies? Ne pourrions-nous pas grandement les soulager, en leur enlevant de temps à autre, les ordures qui les accablent, la vermine qui les ronge? ne va-t-il pas de notre intérêt, par exemple, d'apporter des soins de ce genre aux arbres de nos grandes villes qui, plongés constamment dans une atmosphère épaisse, chargée de matières charbonneuses, en portent l'affreux stigmate? L'eau du ciel ne peut malheureusement rien contre cet enduit noirâtre, triste effet de la civilisation, lequel nuit considérablement aux arbres, notamment aux arbres fruitiers.

Sous le point de vue qui nous occupe, nous considérons l'état dans lequel se trouve la partie supérieure et moyenne de l'écorce, sa partie semi-vivante, comme étant la cause prédisposante des attaques des insectes ; et, partant de ce principe, nous nous sommes demandé si, en l'enlevant avec soin, lorsqu'elle renferme de nombreux êtres parasites, nous ne rendrions, nous ne conserverions pas la santé aux arbres qui en sont privés ou sur le point de la perdre. Dans les pays tropicaux, où les arbres sont toujours doués de la même force végétative, il se forme peu ou point d'épiderme ; les insectes ne se mettent pas dans leur écorce, et ils grossissent démesurément ou plutôt indéfiniment. Les baobabs (*adansonia digitata*) que nous avons eu occasion d'étudier au Sénégal en sont des exemples frappants : nous avons vu, près du cap Blanc, plusieurs de ces géants de 22 à 25 mètres de circonférence, dont l'écorce était aussi lisse que celle d'une jeune pousse de l'année, dans notre climat. Notre platane en fournit d'ailleurs une preuve assez bonne ; son épiderme tombe naturellement tous les ans, et aucun insecte ne ravage son écorce toujours pleine de vie. Dans quelques cas exceptionnels, on voit même toute la vieille écorce de l'orme se détacher naturellement par places et soustraire ainsi la jeune écorce mise à nu aux attaques des scolytes. Nous nous sommes donc livré à de nombreux essais sur ce sujet, et nous croyons avoir reconnu que non-seulement on pouvait rendre la santé à des arbres sur le point de périr, mais que, abstraction faite de la présence des insectes, on augmentait d'une manière notable la production du bois chez des arbres rabougris, qui végètent difficilement, en faisant cesser la constriction générale de la vieille écorce sur le tronc ; si même, en répétant cette opération chaque fois que l'état de cet organe le réclame, on ne pouvait pas un jour concevoir l'espérance de prolonger l'existence d'un arbre quelconque réputé arrivé au terme de son existence (1). Bien que ces résultats puissent intéresser la

(1) Veut-on des exemples frappants, dus au hasard, de la propriété qu'aurait l'écorce excitée, d'augmenter la production du bois?

Tout le monde sait que, à l'époque de la maturité des châtaignes dans nos forêts, les enfants et même de grandes personnes, ne pouvant secouer facilement les arbres droits et lisses, qui portent ce fruit si convoité, ne se font pas scrupule de recourir à des pierres avec lesquelles le tronc est frappé plus ou moins violemment. Tous les gardes forestiers s'accordent à dire que les meurtrissures qui en résultent font un tort considérable ; aussi s'efforcent-ils de s'opposer à cet abus. Eh bien, que résulte-t-il, à la longue, de cette action qui enlève, tous les ans, les couches épidermiques? un renflement fusiforme de l'arbre qui, mesuré avec soin, nous a donné presque constamment une augmentation en grosseur moyenne de près d'un cinquième. Ce renflement a ordinairement plus de 1 mètre de longueur et se termine assez brusquement à 2 mètres environ de hauteur au-dessus du sol, là où la main d'un individu de taille ordinaire cesse d'atteindre, tandis que, dans le bas, il se confond avec la partie inférieure de l'arbre. Assurément nous sommes loin d'approuver l'abus auquel on se livre dans les forêts pour faire tomber les châtaignes, le bois est souvent trop meurtri dans le siége de ces renflements pour être d'un bon débit, ils sont dépréciés ; mais il n'en est pas moins vrai, et c'est ce que nous avons voulu seulement constater, qu'il y a eu augmentation notable de bois, comparativement à des arbres qui n'ont pas été meurtris ou chez lesquels on n'a pas enlevé de cette manière la vieille écorce.

Il existe dans le parc de Versailles, près du grand Trianon, une magnifique allée de peupliers suisses : vers le milieu, là où vient aboutir le

silviculture, à cette époque surtout que les bois de construction et même de chauffage deviennent de plus en plus rares, à cette époque que l'on s'occupe sérieusement du reboisement des montagnes pour suppléer à la disette de bois de toutes sortes qui nous menace, nous nous bornerons, pour le moment, afin de répondre aux vœux manifestés par la Société royale et centrale d'agriculture, dans son dernier programme, à faire connaître, en présentant nos résultats, le procédé que nous avons employé dès l'origine et celui plus rationnel, partant, plus certain, que nous appliquons aujourd'hui, encouragé que nous l'avons si bien été, dans cette importante modification, par les lumières et les conseils de plusieurs membres de la même Société.

Lorsque nous avons commencé, il y a trois ans, nos premières expériences à Paris, sous les auspices de M. le préfet de la Seine, qui porte un si vif intérêt à tout ce qui concerne les embellissements de la ville de Paris, nous nous bornâmes à faire de larges incisions aux arbres affectés du scolyte et du cossus. Depuis l'origine des grosses branches jusqu'au pied de l'arbre, nous en pratiquâmes deux, trois, quatre, cinq et six, suivant enfin la grosseur du tronc et le degré de la maladie (*pl.* 1re, *fig.* 9); nous leur donnâmes 5 à 6 centimètres de largeur, en ayant soin de tailler en biseau

---

chemin qui mène à la ferme de Gally, le peuplier qui fait le coin, fréquemment heurté par les voitures qui s'y rendent, offre inférieurement un gonflement fusiforme qui double presque la grosseur du tronc; le reste de l'arbre, pas plus que dans les châtaigniers en question, ne diffère nullement du port de tous les autres ou bien se trouve aussi vigoureux qu'eux.

Dans l'état ordinaire des choses, nous avons d'ailleurs la preuve du bon effet que peut produire le débridement de l'écorce des arbres : si on examine avec soin une section transversale du tronc d'un gros orme, on remarquera de légers renflements du bois correspondant aux crevasses profondes de la vieille écorce et dont l'ensemble, pour le dire en passant, donne à la rondelle d'un arbre semblable l'aspect d'une roue d'engrenage, pourvu, cependant, que le fond de ces crevasses atteigne la jeune écorce, preuve évidente de la constriction nuisible qu'éprouve l'arbre par suite de l'accumulation des couches épidermiques.

les lèvres des plaies, afin, d'une part, de faciliter la formation des bourrelets, et, d'une autre, d'empêcher les individus malintentionnés et les chèvres de pouvoir saisir l'écorce béante pour l'arracher (1). Souvent nous nous bornâmes à isoler, par une espèce de séquestre (*pl.* 2, *fig.* 1re), les parties excessivement malades de celles qui l'étaient fort peu, et nous obtînmes, de cette manière, une espèce de nécrose plus ou moins grande, qui bientôt, ne pouvant plus nourrir les larves qu'elle renfermait, les laissait mourir de faim; dans ce cas-ci, nous arrivions naturellement jusqu'au bois, puisque nous étions obligé de retrancher les portions d'écorce non susceptibles de se rétablir. Ordinairement les incisions étaient faites de façon à n'intéresser que les couches supérieures de l'écorce, bien en deçà du liber, que nous avions soin de ne pas attaquer : elles avaient pour but 1° d'ouvrir toutes les galeries horizontales de scolyte et de cossus qui se trouvaient sur leur passage, de manière à les empêcher de continuer leurs ravages autour de l'arbre; 2° de provoquer la formation d'une nouvelle écorce au fond des incisions ou des bourrelets le long des plaies, chargés, les uns et les autres, de favoriser la circulation de la séve, ralentie par l'espèce de lacis résultant de l'entre-croisement des galeries de larves. Ces derniers devaient, en outre, par leur surface arrondie et lisse, s'opposer pour longtemps aux attaques des scolytes, qui n'auraient pas d'ailleurs trouvé dans leur intérieur, en supposant qu'ils y eussent pénétré, l'espace nécessaire à l'évolution de toutes les larves issues d'une de leurs pontes. Nous avions espéré aussi que l'air atmosphérique agirait sur les larves non atteintes dans l'opération, et que, par suite de cette excitation imprimée à toute la périphérie du tronc, les intervalles compris entre les incisions participe-

(1) Il y a, le croirait-on, des personnes dans l'aisance qui, pour se chauffer gratuitement en hiver, ne se font pas scrupule, dans les promenades publiques, d'emplir leurs poches de fragments d'écorce qu'ils soulèvent de toutes parts avec des couteaux, au risque de faire périr l'arbre.

raient de la vigueur qui devait se manifester dans les bourrelets, pourvu, cependant, qu'ils fussent assez rapprochés les uns des autres ; enfin, par mesure de précaution, nous avions cru devoir enduire ces plaies longitudinales d'onguent de Saint-Fiacre.

Au bout d'un an, nous eûmes la satisfaction de voir que toutes nos prévisions s'étaient réalisées : un nouveau tissu, à la fois ligneux et cortical, avait acquis dans ce laps de temps une épaisseur moyenne de 4 à 5 millimètres, au fond des incisions (*pl.* 1re, *fig.* 10) ainsi que sur le bord des plaies, même chez des ormes qui venaient difficilement. Quelles que fussent d'ailleurs la profondeur à laquelle l'instrument avait pénétré dans l'écorce et l'irrégularité avec laquelle cet organe avait été entamé, n'eût-il fait qu'effleurer les premières couches médullaires vivantes, la nouvelle écorce était toujours uniformément séparée par un tissu cellulaire jaune verdâtre (enveloppe herbacée) du liber, et tout ce qui recouvrait cette membrane au moment de l'opération se trouvait frappé de mort, ne faisait plus que jouer le rôle d'épiderme. Cette jeune écorce laissait voir, dans le fond des gouttières que nous avions pratiquées dans l'ancienne et à la surface de l'aubier, de petites lacunes ovales (*pl.* 2, *fig.* 2) occupées naguère par des nids de larves ; les trous d'entrée ou de sortie, quand ils traversaient le liber susceptible encore de produire de l'écorce et du bois, étaient bouchés par une espèce de nodosité. Cette singulière production ligneuse, qui s'énucle avec facilité peu de temps après son apparition, séparée qu'elle est de l'arbre, dans le premier temps, par du tissu cellulaire, se convertit, dans beaucoup de circonstances, en bourgeons, de sorte que de très-gros ormes du bas parc de Saint-Cloud, dont le tronc était uni depuis un grand nombre d'années, se tapissent maintenant de jeunes branches couvertes de feuilles, ce qui leur donne un grand air de jeunesse. Des bourrelets turgescents, bien verts, atteignant quelquefois 10 à 12 millimètres d'épaisseur, garnissaient toutes les lèvres des plaies et tendaient à se rapprocher, là où nous avions dû aller jusqu'au bois, pour séparer des parties excessivement malades, mortes même, de parties encore saines ; et, chose de la plus haute importance à constater, sur laquelle doit reposer tout le mérite de notre système des tranchées, *l'écorce comprise entre les incisions s'est restaurée d'elle même, en se purgeant tout à fait de scolytes.* Ces bandes d'écorce régénérée ont acquis, dans quelques cas, un tel développement, que l'écorce malade était soulevée et se détachait avec la plus grande facilité, laissant à nu une écorce saine, lisse, bien verte à sa surface, entièrement refaite comme à la suite de nos opérations. Enfin un grand nombre d'arbres opérés, non enduits d'onguent de Saint-Fiacre, nous ont prouvé qu'on pouvait très-bien se passer de toute espèce d'ingrédients, malgré la rigueur du froid, la grande sécheresse de l'air et l'insolation, trois actions puissantes qu'on aurait pu redouter pour la surface de la jeune écorce tout à coup mise à vif dans une très-grande étendue (1).

Ces expériences nous ayant enhardi, nous avons poussé plus loin les incisions : du tronc nous les avons fait courir le long des plus grosses branches et le plus haut possible ; enfin, dans quelques cas, nous avons enlevé complétement, sur des arbres excessivement malades, condamnés par tout le monde, toute la vieille écorce du tronc, et même des grosses bran-

---

(1) Nous conseillerons cependant l'usage de cet enduit ou de tout autre, tel qu'un mélange de terreau ou d'argile, ou une espèce de solution goudronnée propre aussi à éloigner, par son odeur, les insectes, moins pour garantir les plaies des intempéries de l'air, du froid ou de la grande sécheresse, que pour dissimuler aux yeux une opération que beaucoup de personnes, qui ne se donnent pas la peine d'approfondir les choses, seraient disposées à attribuer à la malveillance. En attendant qu'elle soit vulgarisée, si jamais nous avons le bonheur d'y parvenir, nous conseillons l'emploi d'un enduit quelconque, surtout dans les villes telles que Paris, où il ne manque pas d'individus capables de croire que nous nous plaisons à écorcer les arbres pour les faire périr. M. Thomas, directeur du journal le *Moniteur des eaux et forêts*, a bien été jusqu'à reprocher à nos incisions de renfermer encore des larves, tandis qu'il avait pris pour telles d'inoffensifs cloportes qui étaient venus se réfugier au fond des gouttières, sous les croûtes de l'onguent que nous y avions mis!

ches. Nous avons obtenu, l'année dernière, des résultats trop satisfaisants pour que nous ne cédions pas au désir d'en citer un exemple remarquable. Dans le bas parc de Saint-Cloud se trouvaient deux ormes de 4 à 5 mètres de circonférence, tellement affectés du scolyte, que les jardiniers en chef du château, MM. Mathieu et Ouacher, qui avaient l'intention de les abattre, déclarèrent qu'ils auraient foi entière en notre procédé si nous parvenions à les empêcher de succomber dans le courant de l'année : or nous leur fîmes enlever toute la vieille écorce, criblée de trous de scolytes et farcie de larves, depuis le pied rez terre jusqu'à 40 mètres d'altitude (l'écorce de ces arbres n'avait pas moins de $0^{m},5$ d'épaisseur; dans quelques cas nous l'avons vue atteindre un développement de $0^{m},135$ à $0^{m},162$) (1), et nous eûmes la satisfaction de les voir recouvrer, par une nouvelle écorce, à peu de chose près, ce qu'ils avaient perdu de l'ancienne (2) et garder leurs feuilles des derniers. Nous avons eu l'honneur, au commencement de la même année, de montrer à MM. Dutrochet et Adolphe Brongniart, membres de l'Académie des sciences, ainsi qu'à MM. Michaux, Poiteau et Guérin-Méneville, membres de la Société royale et centrale d'agriculture, trois ou quatre arbres opérés de la même manière, il y a trois ans, sur le quai d'Orsay, et dont l'écorce avait été tellement labourée par des galeries de scolytes, qu'en se rétablissant elle présentait, sur le tronc, comme une espèce de réseau dont

---

(1) Dans un exemple de ce genre que nous avons eu l'honneur de mettre sous les yeux de la Société, on pouvait compter autant de couches séparées par du tissu médullaire qu'il y avait de couches ligneuses dans le tronc; ces rugosités remarquables, qui pourraient bien appartenir à l'orme subéreux, étaient encore recouvertes de leur épiderme.

L'épaisseur commune de l'écorce d'un gros orme est de 3 centimètres, dont 2 pour la vieille : nous laissons donc encore 1 centimètre de tissu cortical sur le tronc de ces arbres.

(2) L'un d'eux avait, au mois de mars 1845, 2 mètres 90 centimètres de circonférence rez terre, et 20 centimètres de moins après l'ablation de la vieille écorce; au mois de novembre suivant, il mesurait 2 mètres 78 centimètres; il avait donc poussé, dans l'espace de sept mois, la valeur de 8 centimètres.

les mailles laissaient voir au fond (*pl.* 1re, *fig.* 11) une grande partie du sillon ovifère et l'origine de toutes les galeries des larves qui en partaient. Aujourd'hui le bourrelet ovale qui cernait chacune d'elles, lors de la visite des savants que nous venons de citer, s'étant rétréci de plus en plus, il n'y a presque plus de trace de perte de substance de l'écorce (1). Le corps de l'arbre recélera seul dans son intérieur la preuve du passage des scolytes qui ont failli le faire périr.

Il nous est démontré, par ces expériences, qui remontent à l'année 1843, et par celles que nous avons faites depuis, en assez grand nombre, au champ de Mars, à Saint-Cloud et à Versailles, en 1844 et 1845, que l'enlèvement complet des parties malades de l'écorce du tronc ne peut être, dans beaucoup de circonstances, qu'une bonne opération sur laquelle on peut fonder de légitimes espérances. Chose remarquable, elle est, contrairement à la théorie, d'autant plus efficace, ses effets sont d'autant plus prononcés, que les ormes sont plus ravagés par les scolytes, qu'on a été obligé, pour les mettre à découvert, d'attaquer très-souvent l'aubier, tandis que les arbres chez lesquels on a laissé toute la jeune écorce sans la cribler de fenêtres, comme dans le premier cas, sont comparativement languissants. Cette opération est tout à fait rationnelle, puisqu'elle avive toutes les parties infestées de l'écorce; elle a aussi l'avantage de mettre à nu les galeries du cossus dans toute leur étendue, de

(1) Chez l'un de ces arbres, âgé de vingt-cinq ans et de 0^{m},85 de circonférence avant l'opération qui le priva entièrement de sa vieille écorce, nous avons obtenu, au bout d'un an, une nouvelle couche de bois et d'écorce de 11 millimètres d'épaisseur. Or, en supposant que cet arbre avait au moins 0^{m},10 de circonférence à l'époque de sa plantation, nous aurons une croissance progressive et annuelle de 0^{m},3 jusqu'au moment de l'opération ; mais, comme, depuis, dans le cours d'une année, elle a augmenté de 0^{m},5, l'arbre ayant alors 0^{m},90 de circonférence, il faudra donc en conclure que le retranchement de sa mauvaise écorce lui a donné une force vitale plus considérable représentée par 0,2 ; nous avons même obtenu, dans le même espace de temps, des bourrelets de 2 centimètres d'épaisseur à l'extrémité des galeries transversales et superficielles des cossus lorsqu'on les met à jour en avivant les parties rongées

manière à rendre plus facile la destruction de cette larve, dont la première opération (incisions longitudinales) ne fait qu'ouvrir transversalement les retraites. Ce procédé est d'ailleurs bien convenable pour combattre efficacement les larves de cet insecte, qui pourraient continuer leurs ravages dans un arbre traité pour le scolyte. Enfin, en rendant le tronc de l'arbre parfaitement lisse, il met encore, pour un temps plus ou moins long, sa surface dans des conditions impropres à faciliter l'introduction du scolyte aussi bien que la ponte du papillon cossus qui, dans la supposition où il n'en serait rien à son égard, échappera cependant moins facilement aux regards.

Nous associons donc aujourd'hui, plus que jamais, l'enlèvement complet des couches malades de l'écorce à l'emploi des incisions; mais nous nous garderons bien de généraliser la première de ces opérations, craignant trop qu'entre des mains inhabiles ou inexpérimentées elle ne fît plus de mal que de bien. L'expérience nous a bien prouvé qu'elle peut être faite avec la plus grande hardiesse et, pour ainsi dire, les yeux fermés, sur des arbres très-affectés du scolyte; mais nous n'oserions en dire autant de ceux qui le sont légèrement, notamment chez les jeunes ormes à écorce mince. Dans ce cas-ci on fera bien de se borner à de simples incisions, qui ne pourront jamais, qu'elle que soit leur profondeur, compromettre la vie de l'arbre. Bien que tout nous porte à croire que la vitalité de l'arbre qui se manifeste dans les intervalles laissés entre chaque incision, de manière à les purger du scolyte, à régénérer l'écorce, se fait également sentir dans le sens de la longueur, ou bien, au-dessus du tronc, sur les grosses branches, nous ne manquons jamais de pratiquer des tranchées le plus haut possible sur les principales branches des gros arbres et de les faire aboutir au tronc dénudé, en les élargissant de plus en plus, de manière à ce qu'elles puissent être considérées comme étant la continuation de la première opération : leur application sur des arbres à peine malades ou attaqués doit être regardée comme purement préventive. Nous venons d'ailleurs de pratiquer en grand, quoique encore à titre d'essai, l'enlèvement complet de la vieille écorce sur tous les boulevards de Paris, par ordre de M. le préfet de la Seine, et à Versailles, tant pour cette ville que pour la liste civile. Il faut dire aussi que nous avions été retenu, jusqu'à présent, dans cette entreprise, par la crainte de la dépense, qu'il eût fallu voir doubler au début de nos expériences, si nous les avions exécutées comme à cette heure; mais, grâce aux instruments que nous avons fait confectionner et que nous appelons *phloiotomes* (de φλοιός, écorce, et de τομή, section), les ouvriers que nous avons dressés à ce genre de travail ne demandent pas davantage pour enlever complétement la vieille écorce que pour faire des incisions, et opèrent avec beaucoup plus de précision et de rapidité (1); ils trouvent d'ailleurs, dans cette grande quantité de vieille écorce, qui fait un excellent chauffage et qu'on pourrait peut-être associer au tanin, un ample dédommagement. Nous nous servons, pour entamer l'écorce épaisse et rugueuse des gros ormes, d'une espèce d'erminette terminée par une hachette destinée à abattre les branches qui gênent et à fouiller plus facilement au pied de l'arbre. Nous nous contentons d'une plane légèrement courbe sur le plat, pour les jeunes ormes qui se trouvent, avec ce dernier instrument, pelés en quelques instants. Lorsque ces arbres sont nouvellement attaqués, il suffit d'enlever, par places, le mal avec le même instrument, opération que nous appelons *moucheture*.

Contrairement à l'usage où l'on est d'étêter un arbre aussitôt qu'il souffre, qu'il vient difficilement, et jusqu'où n'est-on pas allé, comme nous l'avons déjà dit, dans l'espé-

(1) Cette opération est plus facile qu'on ne pense : une fois l'écorce du tronc entamée, il suffit d'enfoncer avec confiance l'instrument entre la partie brunâtre de l'écorce (la vieille écorce) et la partie blanchâtre (la jeune écorce) à la surface de laquelle serpentent les galeries de larves. Dans la plupart des ormes, la vieille écorce s'enlève avec la plus grande facilité; quelques-uns seulement l'ont très-fibreuse, tels que le tortillard.

rance de relever des arbres qui ne devaient leur dépérissement qu'à la présence de certaines larves dans l'écorce! nous nous gardons bien, dans nos opérations, de retrancher des branches vivantes. Nous n'avons recours à l'élagage ou à l'ébranchement, afin de faciliter l'ascension dans l'arbre et l'opération sur les grosses branches, que lorsqu'il peut y avoir profit pour le propriétaire; nous faisons tomber, par exemple, tout le bois mort qui les dépare. Les arbres affectés des insectes ne sauraient, suivant nous, trop avoir de feuilles pour favoriser une circulation qui est sur le point de s'éteindre. Plus ces organes feront monter de séve, plus il en descendra pour abreuver l'écorce malade exposée à en perdre tant, sous forme d'évaporation, par les nombreux orifices dont elle est criblée. On peut d'ailleurs, en pareille matière, s'étayer sur les belles expériences de M. Dutrochet, qui a reconnu que « le développement végétatif des couches d'aubier et de liber du tronc est ordinairement proportionnel à la quantité de la séve descendante et à son degré d'élaboration (1). »

Quant à l'époque à laquelle il convient de traiter les ormes, on peut s'y livrer tout l'hiver, depuis la chute des feuilles jusqu'au printemps; cependant il n'est pas prudent d'attendre que la séve ait commencé à descendre entre le bois et l'écorce, car on s'exposerait alors à des décollements de la jeune écorce, décollements insignifiants dans les tranchées longitudinales, mais qui pourraient compromettre la vie de l'arbre sur lequel on aurait pratiqué l'enlèvement complet de la vieille écorce, s'ils venaient malheureusement à contourner le tronc. De récentes expériences auxquelles nous nous

---

(1) « Lorsqu'on abat un arbre qui a été soumis à un ébranchement périodique, dit cet habile observateur, on remarque que la couche d'aubier qui, dans le tronc, correspond à l'année dans laquelle l'arbre a été ébranché est fort mince, tandis que les couches qui correspondent aux années suivantes augmentent d'épaisseur à mesure qu'elles sont postérieures à l'année de l'ébranchement et que, par conséquent, elles ont reçu plus de séve descendante qui a été élaborée par les feuilles plus nombreuses des branches de plus en plus développées. »

somme livré nous prouveront, sans doute, que l'on peut traiter les mêmes arbres entre la sève du printemps et celle du mois d'août avec la même confiance qu'en hiver.

Indépendamment des moyens que nous venons de faire connaître pour guérir les ormes attaqués du scolyte et du cossus, nous avons dû tâcher d'en trouver d'autres propres à prévenir la carie et la pourriture du bois, chaque fois qu'il aura été mis à nu par les ravages de l'insecte, sur une surface trop grande pour espérer de la voir se recouvrir d'une nouvelle écorce empruntée aux bourrelets. Nous conseillons de goudronner ces plaies pour empêcher le contact destructeur de l'air, en recommandant bien de ne pas appliquer de goudron bouillant sur la jeune écorce mise à nu, comme on l'a si malencontreusement pratiqué aux Champs-Élysées, il y a un an, lorsque le nouvel inspecteur s'est avisé de vouloir remédier à des incisions que son prédécesseur, M. Mabille, avait faites, du reste, avec beaucoup de soin, à notre imitation, remède qui a eu pour funeste résultat de brûler complétement le liber sur une très-grande surface de l'arbre et qui pourra peut-être bien faire périr des ormes, tant il est vrai que le mieux est quelquefois l'ennemi du bien (1). Des chevilles de chêne enfoncées avec force dans les galeries de cossus qui pénètrent avant dans le corps de l'arbre pourront avoir le double avantage, si l'on a eu soin préalablement de les laisser séjourner dans un bain d'essence de térébenthine, de boucher hermétiquement les galeries et de faire périr, par leur odeur, les larves de cossus qui auraient échappé pendant l'opération :

(1) Nous avons cru devoir faire cette observation, parce que beaucoup de personnes, étonnées de voir ces arbres opérés suivant notre procédé et pensant avec juste raison que nous en étions l'auteur, nous ont demandé pour quel motif nous avions mis du bitume dans les incisions, lorsqu'il a déjà été publié que nous ne jugions pas à propos d'y rien mettre.

« M. Adolphe Brongniart dit avoir vu quelques-uns de ces arbres goudronnés ; là, en effet, le bois est évidemment détruit, tandis que, sur les arbres où M. Robert a fait recouvrir les incisions d'un enduit argileux, le bois se reforme et l'arbre se regarnit. (*Bulletin de la Société royale et centrale d'agriculture*, tome V, page 221.) »

rien n'empêche aussi qu'on ne sonde auparavant ces galeries avec un fort fil d'archal, terminé en crochet pour en détruire le plus possible ; mais, nous le répétons, l'enlèvement de la vieille écorce en détruit la plus grande partie, puisque nous avons recueilli, de cette manière, environ cent soixante-dix larves sur un jeune arbre.

De même que dans l'économie animale où l'on voit des malades guérir sans le secours de la médecine, il y a des arbres affectés des insectes parasites que nous venons de décrire, qui se rétablissent d'eux-mêmes, en chassant leurs ennemis ; il n'y a pas de règles sans exceptions, et, dans ce cas-ci, elles nous indiquent bien clairement ce qu'il faut faire. La nature sera toujours là pour nous guider, c'est à nous de la bien comprendre. Dans la plupart des cas, les arbres attaqués du scolyte, abandonnés à leur propre sort, succombent infailliblement lorsque les larves ont achevé de faire le tour du tronc; mais il arrive quelquefois que, au lieu de l'attaquer uniformément, elles se portent toutes d'abord d'un seul côté, de sorte que celui-ci est frappé de mort lorsque l'autre ne fait que d'être attaqué : grâce à des circonstances toutes particulières dont nous n'avons pu encore nous rendre compte, il se forme naturellement un séquestre; des bourrelets à bords irréguliers, festonnés (*pl.* 2, *fig.* 4 à 5), donnant quelquefois naissance à des racines, lorsque l'écorce restée en place retient beaucoup de détritus humide, se développent de chaque côté de la partie encore saine, et celle-ci, venant à recouvrer sa vigueur native, fait périr, noie, suivant la juste expression de M. Dutrochet, les larves de scolytes qui s'y trouvaient, tout en s'opposant à de nouvelles attaques de l'insecte parfait. Il y a, pour en citer un exemple, au champ de Mars, un groupe d'ormes qui ont été un instant très-gravement compromis par le scolyte et qui se sont rétablis de cette manière; chez l'un d'eux il n'y a même qu'un seul bourrelet (*pl.* 2, *fig.* 6) de la grosseur du bras, par où passe la sève, et qu'on peut assurément regarder comme un jeune et vigoureux sujet enté sur un vieil et maladif arbre; nous avons nous-même obtenu le même résultat, aux Champs-Élysées, sur un orme de $1^m,70$ de circonférence, qui n'avait plus, lorsque nous l'avons entrepris, qu'un espace à peu près large comme la main, par où la séve pouvait descendre, et encore ce faible espace était-il lui-même tellement infesté de larves, que nous ne laissâmes en place qu'un faible ruban de liber de 1 à 2 millimètres d'épaisseur, criblé de trous, et qui s'est chargé, jusqu'à présent, en donnant lieu à un vigoureux bourrelet, de soutenir la végétation de l'arbre opéré, l'un des plus beaux de la promenade en question. On peut aussi voir des résultats semblables sur le quai d'Orsay, à Versailles, à Saint-Cloud, partout, en un mot, où nous avons appliqué nos procédés.

Avant de parler du traitement que nous faisons subir aux pommiers et aux frênes, nous croyons devoir faire connaître les résultats que nous avons déjà obtenus avec les ormes, depuis la première application de notre procédé : des chiffres, en pareille matière, parleront peut-être mieux que tout ce que nous pourrions dire.

Depuis l'automne de 1843 jusqu'à ce jour, plus de douze cents pieds d'arbres ont été opérés, sans compter les pommiers, les frênes, les chênes, etc., dans l'ordre suivant :

En 1843, aux Champs-Élysées, depuis la place de la Concorde jusqu'à la barrière de l'Étoile, par ordre de M. le préfet de la Seine. 150

En 1843, sur le quai d'Orsay, depuis la chambre des députés jusqu'au champ de Mars, par le même ordre et à la demande des ponts et chaussées. . . 100

En 1844, aux Champs-Élysées (par M. Mabille). 184

En 1845, dans le parc de Saint-Cloud, par ordre du roi. 150

En 1845, à l'entrée de la manufacture royale de porcelaine de Sèvres, par autorisation de M. Alexandre Brongniart. 9

En 1845, au champ de Mars, par ordre de M. le maréchal Soult, ministre de la guerre. 211

A reporter. 804

Report. . . .	804
En 1845, sur les avenues de Versailles, par ordre de M. Aubernon, préfet de Seine-et-Oise. . . .	50
En 1846, *idem*, par autorisation de M. Rémilly, maire de Versailles et député de Seine-et-Oise. . .	36
En 1846, dans le parc de Versailles, par ordre de M. le c[te] de Montalivet, intend[t] gén[l] de la liste civile.	87
En 1846, sur tous les boulevards *intra* et *extra muros* de la ville de Paris, à la demande de M. Drappier, ingénieur en chef des ponts et chaussées, et par ordre de M. le comte de Rambuteau, préfet de la Seine.	250
Total général des pieds d'arbres traités. . . .	1227

Sur ce nombre, huit cent cinquante-quatre ont été opérés avant la végétation de l'année 1845 : il n'en est mort, à notre connaissance, jusqu'à présent, que dix ou douze, dont sept à huit aux Champs-Elysées, que nous avons eu soin de signaler dans le procès-verbal déposé, dans le temps, sur le bureau de la Société d'agriculture, comme ne devant probablement pas se relever, attendu leur état excessivement déplorable, et traités spécialement à titre d'essai. Quant aux autres, ils ont été brisés par l'ouragan qui a ravagé les communes de Montville et de Malaunay, le 19 août 1845, ou bien ont succombé par l'effet de la malveillance. Il ne nous appartient certes pas de faire l'éloge de nos résultats; mais, pour donner une idée de la gravité du mal dont étaient atteints la plupart des arbres que nous avons traités jusqu'à présent, nous demanderons la permission de faire remarquer que M. Mabille, inspecteur des plantations des Champs-Élysées, dans son rapport au préfet de la Seine, en date du 8 septembre 1844, sur nos premiers essais tentés sous ses yeux, a déclaré que, « année commune, il perdait *indubitablement* près de la moitié des arbres attaqués du scolyte. »

Quant aux pommiers et aux frênes, la maladie qui les affecte étant identique avec celle des ormes, le mode de traitement nous était tout tracé : aussi, après avoir reconnu, comme chez les ormes, le bon effet de l'enlèvement de bandes corticales jusqu'au liber exclusivement, nous en sommes venu aussi à faire complétement l'ablation sur toute la surface du tronc, opération des plus faciles, à cause de la faible épaisseur de la vieille écorce dans les pommiers, et de la facilité avec laquelle elle se laisse entamer sur le frêne et le chêne; seulement, comme les pommiers sont plus exposés à geler que les arbres forestiers, nous donnons le conseil de ne les traiter qu'à la sortie de l'hiver. Cette opération a aussi le double avantage, dans les arbres fruitiers, de mettre à nu toutes les galeries de *callidium*, que de simples incisions auraient pu respecter, comme à l'égard du cossus, et de détruire les pucerons lanigères qui peuvent infester l'écorce. La plane, dans la plupart des cas, suffit pour traiter les pommiers et les jeunes frênes.

Peut-on maintenant espérer de purger entièrement une localité atteinte des scolytes, de l'*hylesinus*, etc.? car, nous objectera-t-on avec juste raison, si vous parvenez à enrayer le mal dans les arbres qui en sont atteints, vous ne faites que le suspendre momentanément, et, derrière vous, de nouveaux arbres, qui ne l'auraient pas été sans cela, vont nourrir les insectes que vous aurez chassés, pour revenir ensuite, plus tard, sur les premiers. Nous répondrons affirmativement, et, à l'appui de notre assertion, nous citerons les plantations du quai d'Orsay, de l'avenue de Saint-Cloud à Versailles, etc., qui étaient très-affectées du scolyte lorsque nous les avons entreprises, et où il serait difficile d'en trouver aujourd'hui. Nous aimons à croire que la ville de Versailles et son parc en seront, sous peu, complétement purgés, grâce aux soins énergiques que l'on nous a mis à même de porter dans ces localités. Nous ne nions cependant pas que des arbres souffrants, affectés de la chlorose (on les reconnaît à leur écorce blanchâtre), ne soient pas propres à attirer ces insectes, ne deviennent, par la suite, des centres d'infection; mais, en les inspectant de temps à autre, on pourra, comme nous l'avons fait, l'été dernier, pour les plantations de Versailles, les marquer au fur et à mesure qu'ils en présenteront, afin de les opérer à l'automne prochain ; on parviendra ainsi à arrêter la contagion.

Les Allemands donnent bien le conseil d'avoir des *arbres-appâts* pour attirer en grand nombre les bostriches des bois résineux et les abattre ensuite; mais à quoi bon favoriser la propagation des scolytes et faire tomber les arbres qui en seraient attaqués, lorsqu'on peut les en purger par une opération directe, toute mécanique (1)? S'il fallait suivre une pareille méthode, que nos voisins sont d'ailleurs bien loin de conseiller pour l'orme (2), nous devrions, ni plus ni moins, renouveler toutes les plantations du département de la Seine et des départements limitrophes, arracher les ormes de tout âge et de toute grosseur, en un mot faire table rase (3); car presque tous portent des germes de la maladie qui en fait tant périr : il n'y a, pour ainsi dire, plus que des *ormes-appâts* chez nous. Il importe trop, pour une grande ville telle que Paris, de conserver, à tout prix, des arbres qui demandent près d'un siècle à croître avant d'être dignes des édifices publics qu'ils doivent accompagner. D'ailleurs les arbres que nous cherchons à soustraire aux insectes sont aussi des monuments pour la France; dans quelques cas ne sont-ils pas devenus historiques pour nous? Les ormes gigantesques

---

(1) Nous avons lieu de croire que les arbres résineux supporteront très-bien l'enlèvement partiel et même total de la vieille écorce du tronc, pour combattre les scolytes et bostriches qui en font également tant succomber; en attendant que nous publiions les résultats des expériences auxquelles nous nous sommes livré, nous déclarerons que le pin maritime ne souffre nullement de l'ablation de la vieille écorce, et que la jeune se régénère et forme des bourrelets aussi bien que dans les ormes et sans perte sensible de résine.

(2) Extrait des *Insectes forestiers* du docteur Ratzburg, traduction des *Hylophthires* et leurs ennemis, page 165.

(3) L'administration a déjà reculé, il y a quelques années, devant le conseil qui lui avait été donné d'abattre tous les chênes attaqués du *scolytus intricatus* dans le bois de Vincennes : pour arriver à ce résultat, il lui eût fallu sacrifier vingt mille pieds d'arbres!

du bas parc de Saint-Cloud, qui, par leurs cimes recourbées, forment, en été, des voûtes impénétrables aux rayons du soleil, remontent, comme nous l'avons dit plus haut, au règne de Henri II ; neuf ou dix générations se sont déjà promenées sous leur frais ombrage. Les arbres des Champs-Élysées ont été plantés sous Louis XIV ; ceux du champ de Mars, qui remontent à son successeur, ont été témoins d'un des épisodes les plus saisissants de la révolution française : l'invasion de 1814 est gravée en caractères de feu sur ceux des Champs-Élysées ; le petit nombre de gros ormes qu'on remarque çà et là, sur le boulevard central de Paris, ont échappé à la révolution de juillet, qui a fait des barricades avec les autres. Nous nous estimons donc bien heureux d'avoir fait nos premiers essais sur des arbres qui rappellent de si grands souvenirs, et nous ne regrettons qu'une chose, c'est de n'avoir pu appeler, jusqu'à présent, l'attention sur l'état déplorable dans lequel se trouvent les ormes non moins intéressants de l'esplanade des Invalides, du rond-point de l'arc de triomphe, de l'avenue de Vincennes, etc. (1). Dussent certains arbres que nous avons traités ne plus remplir qu'un but, celui de donner encore de l'ombrage, à la faveur d'un étroit cordon d'écorce par lequel notre opération aura entretenu la circulation, et nous en avons cité des exemples remarquables aux Champs-Élysées, sur le quai d'Orsay ainsi qu'au champ de Mars, nous croirons les avoir légitimement dérobés aux scolytes, dont nous pourrons, au besoin, facilement dissimuler les ravages irréparables, par une peinture à l'huile en harmonie avec la couleur du tronc de l'arbre lorsqu'il avait toute son écorce, ou bien par un simple goudronnage pouvant encore, l'un ou l'autre, avoir le grand avantage de mettre le bois à l'abri des intempéries de l'air.

---

(1) Au moment de mettre sous presse, M. Robin, ingénieur en chef du département de la Seine, vient de nous charger de faire des essais sur les arbres des routes départementales.

Sous le rapport de la foudre, nous dirons aussi que les grands ormes qui règnent autour d'une ville, dans ses promenades publiques, tels que ceux des boulevards intérieurs et extérieurs de Paris, sont autant de paratonnerres propres à dissiper le fluide électrique; or, si on les laisse disparaître, les chances de foudroiement pour les maisons deviendront plus grandes, la grêle pourra tomber plus fréquemment et faire des ravages plus considérables dans les départements tels que ceux de la Seine et de Seine-et-Oise, par suite du déboisement des routes royales, communales et vicinales.

Quoi qu'il en soit, les moyens que nous venons de faire connaître et que nous avons mis en pratique pour détruire et faire disparaître le scolyte ne seront jamais bien efficaces, dans une ville telle que Paris, qu'autant qu'ils seront secondés par une mesure prise à l'égard des chantiers de bois d'orme dans le voisinage des plantations publiques et individuelles. Il serait à souhaiter que, si l'administration ne peut s'arroger le droit de les éloigner en les considérant comme des établissements nuisibles, elle les fît au moins surveiller et contraignît les propriétaires à ne pas conserver de bois de charronnage en grume ou à les faire immerger dans l'eau, une fois qu'ils seraient atteints, ainsi que le conseille le docteur Ratzburg (1).

Donnerons-nous enfin le conseil de remplacer les plantations d'ormes par d'autres essences d'arbres qui, par cela même qu'elles sont étrangères au pays, semblent avoir le privilége de résister aux attaques de nos insectes? Mais, indépendamment de ce que ces végétaux ne remplaceront jamais l'orme, dont on tire un si grand parti dans le charronnage, ils ont le grand inconvénient de se briser avec la plus grande facilité pendant les tourmentes de l'atmosphère,

---

(1) *Les animaux destructeurs des forêts et leurs ennemis*, ou *Description et iconographie des insectes et des autres animaux les plus nuisibles aux forêts, avec l'indication des moyens de les détruire, tout en ménageant leurs ennemis*; par le docteur Ratzburg, page 114. Publié en allemand, à Berlin, 1841.

et il serait à craindre que, parvenus à une assez grande dimension sur le bord de nos routes, ils ne fussent autant d'épouvantails pour le voyageur. Peut-être que cet enfant des bords de la mer Caspienne, le *planera crenata,* rapporté par M. Michaux, sera propre, à cause de sa parenté, de sa grande affinité avec l'orme, à le remplacer un jour avantageusement, à moins, toutefois, comme le pourrait faire craindre le goût des galéruques pour ses feuilles, que son écorce, de lisse devenue raboteuse, ne fût, à son tour, recherchée par le scolyte destructeur.

En résumé, la maladie qui fait périr tant d'arbres dans nos villes et dans nos cantons est due, on peut hardiment le dire, exclusivement à la présence de petits insectes qui se sont propagés d'une manière effrayante dans ces dernières années : elle n'a, cependant, rien de nouveau que la gravité de ses ravages; car tout nous porte à croire que, depuis longtemps, elle a menacé l'existence des ormes, des pommiers, des frênes, etc. Il en sera ainsi, nous le craignons bien, jusqu'à ce que des circonstances atmosphériques ou, plutôt, une médication énergique et des soins bien dirigés la fassent rentrer dans ses premières limites. Nous ne devons, en un mot, voir dans ce fléau, dans cette épidendrie, qu'une extension semblable à celle qu'ont prise le puceron lanigère pour les pommiers, la pyrale pour la vigne, la muscardine pour les vers à soie, et tout récemment le botrytis pour les pommes de terre. Nous faisons donc des vœux pour que l'on se pénètre bien de ce fait, que l'écorce des arbres peut aussi bien être ravagée par les insectes que le sont leurs feuilles, leurs fleurs par les chenilles, etc., et pour que, au lieu d'avoir la singulière prétention de les guérir en se bornant à arroser leurs racines avec du sang de bœuf (1),

(1) On comprendrait jusqu'à un certain point le bon effet d'un pareil engrais au pied de jeunes ormes; mais comment peut-on se flatter qu'il en sera de même pour les gros, dont les véritables racines (*spongioles*) sont, comme on sait, à une très-grande distance du pied de l'arbre?

comme on le fait actuellement aux Champs-Élysées, au risque d'inspirer le plus profond dégoût chez les nombreuses personnes qui fréquentent cette belle promenade, on se décide enfin à opposer contre le scolyte et le cossus, quel que soit le moyen à employer, le nôtre ou tout autre, un peu de l'argent qu'on dépense si largement en échenillage.

Quant à l'opération que nous faisons subir aux ormes, aux pommiers et aux frênes affectés du scolyte, du cossus, du *callidium* et de l'*hylesinus*, fondée, à la fois, sur la physiologie végétale et l'entomologie, elle a pour but de s'opposer aux ravages de ces insectes en les faisant disparaître, et de régénérer l'écorce des arbres malades. Elle le fait si bien, nous ne saurions trop le répéter, que non-seulement la jeune écorce, respectée dans les opérations, cède entièrement la place à une nouvelle couche corticale, pour jouer le rôle d'épiderme, quelle que soit, d'ailleurs, son épaisseur, mais que les traces des ravages des scolytes sont complétement entraînées au dehors; de sorte que cette opération, par la grande vitalité qu'elle imprime à l'arbre, fait que, insectes, larves, loges de ces dernières, tout disparaît : c'est, en un mot, de l'autoplastie végétale dans toute l'acception du mot. Afin donc de généraliser les diverses formes sous lesquelles nous appliquons nos procédés opératoires, que ce soit par simple enlèvement de bandes longitudinales d'écorce ou par enlèvement général des couches supérieures de l'écorce de tout le tronc, nous avons cru devoir les désigner sous le nom de *phloioplastie* (de φλοιός, écorce, et de πλάσσειν, former; formation de l'écorce), en les assimilant, jusqu'à un certain point, à ces opérations chirurgicales qui revêtent de peau, empruntée aux parties environnantes, celles qui en ont été dépourvues accidentellement ou congénialement. Dans la nôtre, nous ne faisons pas un véritable emprunt aux tissus voisins, mais nous les forçons à se rapprocher et à se souder lorsque les solutions de continuité déterminées par les ravages des larves ne sont pas trop étendues. Rien, d'ailleurs, ne doit mieux, nous le croyons, justifier ce nom, qui résume toute notre théorie, que les bourrelets saillants, lisses, arrondis, bien vivaces que nous provoquons dans la plupart des cas, là où le ravage a été si grand, qu'il n'est plus resté que de faibles lanières, de quelques centimètres de largeur, par où la sève circulait encore, avec peine, entre la partie supérieure de l'arbre et le pied; bourrelets, disons-nous, qu'on peut regarder comme autant de jeunes sujets entés sur d'autres sujets qui, après avoir cessé de vivre, ne font plus que l'office de supports.

Enfin cette opération, comme nous espérons le démontrer dans un autre mémoire, abstraction faite de la présence des insectes, peut aussi régénérer l'écorce des arbres rabougris en augmentant d'une manière notable la production du bois, ainsi que nous l'avons constaté sur des ormes et des chênes depuis longtemps stationnaires ou languissants (1); rappeler la fécondité chez de vieilles quenouilles, de vieux arbres fruitiers, etc. Peut-être oserons-nous dire un jour qu'il ne sera pas impossible, à l'aide de cette dernière opération, de rajeunir des arbres séculaires ou, en d'autres termes, d'augmenter leur longévité. Ajoutons, en terminant, que nous croyons la première propre également à empêcher

(1) En admettant que les gros ormes de soixante-dix à quatre-vingts ans et les moyens de trente à quarante de la capitale produisissent annuellement, les uns une couche ligneuse de 1 à 2 millimètres d'épaisseur, les autres de 2 à 5, le tronc d'arbres semblables, débarrassé entièrement de la vieille écorce qui étreint la jeune et l'empêche surtout de participer aux fonctions d'absorption et d'exhalation des feuilles, a, dans le même espace de temps, présenté, chez les premiers, une couche ligneuse de 4 à 5 millimètres d'épaisseur, et, chez les seconds, de 6 à 8 (nous oserions presque dire 1 centimètre, terme moyen, chez les jeunes ormes; car nous l'avons vue fréquemment aller de 12 à 15 millimètres et même au delà). Cet accroissement remarquable, qui, dans les bourrelets, atteint quelquefois 2 centimètres d'épaisseur, s'est maintenu, l'année suivante, dans la même proportion. Ajoutons qu'il n'est pas plus manifeste sur les arbres situés dans les meilleures conditions que dans les moins favorables; ainsi, par exemple, les ormes du champ de Mars, qui croissent dans le terrain le plus aride qu'il soit possible de rencontrer, nous ont donné 1 millimètre d'accroissement en diamètre au bout d'un an, exactement la moitié de ce que nous avons obtenu sur le quai d'Orsay, au bout de deux ans, là où les ormes se trouvent dans des conditions infiniment meilleures.

de périr, par asphyxie, les arbres que l'on enfouit, dans les remblais, à une grande hauteur (1), pourvu que l'on ait soin de mettre, devant les incisions, des feuilles de zinc ou, tout simplement, des ardoises ou des tuiles, de manière à ce que l'air puisse arriver, au moyen de ces gouttières artificielles, jusqu'à la jeune écorce et favoriser, le long des incisions, le développement de bourgeons qui se transformeront ultérieurement en racines.

Paris, décembre 1845.

Enfin l'effet est tel chez les chênes rabougris, que les tranchées que nous avons faites à ces arbres n'ont pas suffi pour contenir les nouveaux tissus ligneux et corticaux qui ont débordé les lèvres des incisions dans le cours d'une année : non-seulement il y a renflement à la place des tranchées, mais sur les chênes aussi bien que sur les ormes on peut voir que le débridement déterminé par elles, dans les premiers temps de l'opération, a élargi les crevasses de la vieille écorce laissée en place entre les tranchées au point de laisser voir parfaitement la jeune, tandis qu'on ne distinguait rien auparavant, preuve évidente du grossissement général du tronc ; le rétablissement de l'arbre ou le nouvel essor qu'il a pris se reconnaît également à un feuillage composé de feuilles plus abondantes, plus larges et plus foncées.

« L'opération à laquelle M. E. Robert soumet les ormes dans nos pro-« menades, » a fait observer M. I. Decaisne à la suite de la notice que nous avons eu l'honneur d'adresser, sur ce sujet, à l'Académie des sciences au mois de février dernier, « n'est point complétement nouvelle ; « elle a la sanction de l'expérience et se pratique depuis longtemps sur « les arbres fruitiers languissants. Knight, auquel on doit les premières « remarques au sujet de l'action salutaire de l'écorcement sur les arbres « malades, a remarqué que les pommiers auxquels il avait enlevé une « partie de la vieille écorce avaient plus gagné en diamètre, dans « l'espace de deux ans, que pendant les vingt années qui avaient pré-« cédé l'opération. Ainsi l'opération de M. E. Robert a un double avan-« tage, d'une part, d'enlever un nombre considérable de larves de sco-« lytes nichées dans la portion externe de l'écorce ; de l'autre, de mettre « la partie vivante de cette écorce en contact avec l'oxygène de l'air et « de contribuer ainsi à la végétation des arbres. »

(1) On peut voir un exemple frappant de ce fait dans l'emplacement de l'ancienne île Louviers : les grands peupliers d'Italie qui bordaient sur ce point le petit bras de la Seine, enfouis, à une assez grande hauteur, dans les remblais, dépérissent à vue d'œil et auront bientôt tous succombé.

NOTA. Les fortes chaleurs et la grande sécheresse qui ont régné, cette année, ont fait périr à Paris, sur les boulevards intérieurs, un grand nombre d'ormes qui se sont trouvés dans des conditions d'autant plus fâcheuses, que ces boulevards, depuis la Madeleine jusqu'à la Bastille, sont, comme on sait, littéralement couverts d'asphalte et de pierre. Au nombre des arbres morts se sont malheureusement rencontrés quelques-uns de ceux sur lesquels nous avions enlevé, cette année, toute la vieille écorce ; mais nous devons faire remarquer qu'ils étaient dans l'état le plus déplorable avant cet accident que nous ne craignons pas d'avouer, bien qu'on puisse nous reprocher leur mort (à Versailles, où la même opération a été faite sur une aussi grande échelle qu'à Paris, nous n'en avons pas perdu un seul ; mais on n'y ensevelit pas encore le pied des arbres sous de l'asphalte) à laquelle la malveillance n'est peut-être pas étrangère, dans le but, disons-nous, de signaler un fait assez curieux relativement à l'histoire des scolytes de l'orme.

Cinq ou six des ormes qui n'ont pu supporter la double influence d'une chaleur et d'une sécheresse très-grandes et prolongées sont devenus des arbres-appâts non plus pour la grosse espèce de scolyte, le *scolytus destructor*, mais bien pour les deux petites espèces, les *scolytus multistriatus* et *pygmæus* ; de sorte que les troncs assez gros de ces arbres, qui naguère étaient ravagés *exclusivement* par le premier, le sont actuellement et *exclusivement* par les deux autres, exactement comme si ces insectes se fussent jetés sur de tout jeunes arbres. Cette circonstance fâcheuse, qui nous rendra encore plus circonspect sur l'ablation complète de la vieille écorce, là où le sol sera couvert d'asphalte et de pavés comme à Paris, servira au moins à prouver que la modification apportée à l'écorce d'un arbre, au moyen de nos instruments tranchants, contrarie les habitudes des insectes qui en avaient fait leur demeure, au point de forcer les uns à céder la place à d'autres du même genre, mais bien moins dangereux.

Bellevue, août 1846.

OBSERVATIONS

SUR

LES RAVAGES DU SCOLYTE DES PINS

ET

D'UNE ESPÈCE PARTICULIÈRE D'ATTÉLABE

dans les pinières de Phalanstère (département de Seine-et-Oise).

Le scolyte des pins (*dermestes piniperda*, Lin.; *hylesinus piniperda*, Ratz.), auquel le docteur Ratzeburg attribue la plus grande partie des ravages qu'on observe dans les forêts de pin silvestre du nord de l'Allemagne, le même qui probablement a déjà été observé dans les futaies de pin maritime, léguées par M. Delamarre à la Société royale et centrale d'agriculture, fait, depuis plusieurs années, des dégâts dans les pinières de MM. Chambellant frères, à Phalanstère et dans celles de la forêt de Rambouillet, situées dans le même canton.

Il attaque indifféremment les pins maritime, silvestre et laricio (1), dont la plantation remonte à une douzaine d'an-

(1) Chez M. le baron de Rothschild, à Ferrières (Seine et-Marne), nous avons vu le pin du lord Weymouth affecté du même insecte, au milieu de jeunes plantations d'épicéas du même âge et parfaitement intactes.

nées environ pour le Phalanstère et à une vingtaine pour le domaine.

On reconnaît ses ravages à l'état dans lequel se trouvent les jeunes pousses de l'année; elles sont tordues ou brisées par le milieu, et beaucoup d'entre elles, flétries à moitié, viennent joncher le sol pour peu que l'air soit agité.

A cette heure (18 août) où nous consignons ces observations, l'insecte est encore dans le canal médullaire, occupé à dévorer la substance qu'il renferme; la galerie qui en résulte est creusée de bas en haut; on rencontre ordinairement deux ou trois insectes sur la partie encore vivante de la même tige; rarement les galeries communiquent entre elles; la partie fanée de la pousse offre aussi un nombre égal de traces de galeries, mais celles-ci, sur lesquelles nous reviendrons plus loin, sont abandonnées depuis longtemps; enfin le scolyte pénètre quelquefois dans celle de l'année précédente, au-dessous du verticille de rameaux, qui se forme annuellement, au point de réunion des deux dernières pousses.

Les plus grands dégâts s'observent dans le voisinage des tas de bois résineux en grume, destinés à faire du charbon et le long des barrières (1) faites avec des matériaux semblables.

Ces bois, abattus l'hiver dernier, proviennent des arbres morts ou mourants, épars dans les plantations et principalement des éclaircies qu'on y fait.

Ils sont criblés de trous de sortie de scolyte des pins et d'un autre insecte dont nous parlerons plus loin.

L'enlèvement de l'écorce laisse voir, comme pour le scolyte

---

(1) En voici un exemple des plus frappants : de l'autre côté d'un chemin séparé d'un champ destiné à faire paître des bœufs, par une clôture composée de jeunes arbres en grume abattus l'hiver dernier, tous les pins étaient fortement attaqués; les jeunes arbres qu'on avait plantés le long de cette barrière avaient été tellement ravagés lors de la dernière ponte, qu'ils étaient tous dépérissants; quelques-uns même étaient morts.

de l'orme, deux sortes de galeries, des galeries ovifères et des galeries de larves; les premières, parallèles aux fibres ligneuses, ont jusqu'à $0^{m},20$ de longueur. Le scolyte y dépose au moins deux cents œufs; mais, grâce à la résine qui, sous la seule influence de la chaleur solaire, bien que l'arbre soit abattu depuis quelque temps, s'est extravasée de toute part, la moitié au moins de la ponte avorte : on acquiert la preuve de ce fait important en examinant la galerie, qui témoigne que l'insecte a fait tous ses efforts pour se débarrasser de l'afflux de la résine; il en a tapissé les parois, exhaussé le plancher et quelquefois a poussé cette substance au dehors, en ayant soin de maintenir au centre un canal par lequel il peut s'échapper ou doit recevoir le scolyte mâle, précaution dont il s'entoure également à l'époque de sa nourriture.

Nous n'avons jamais trouvé le scolyte femelle mort dans sa galerie, comme cela arrive fréquemment pour son congénère le *destructor*.

La résine, qui souille ordinairement cet insecte, le rend moins vif que le *destructor*.

Maintenant, si nous cherchons à remonter à la source des ravages, nous n'aurons pas de peine à reconnaître que les principaux dégâts sont dus aux scolytes éclos dans les bois en grume, où des femelles seront venues au printemps, de tous les points des pinières, leur donner la préférence pour pondre; mais, comme elles devaient d'abord se nourrir avant l'accomplissement de cet acte le plus important de leur existence, elles ont dévoré l'extrémité des jeunes pousses, non pas assez pour empêcher le développement entier du bourgeon, qui ne manifeste aujourd'hui la présence de l'insecte que parce que, étant devenu trop long pour pouvoir se soutenir, creusé, flétri qu'il est dans la moitié de sa longueur, il se tord, se brise, là où le premier ravage s'est arrêté; ajoutons que plus bas le bourgeon est devenu ligneux.

Les jeunes pousses, et quelquefois celles de l'année précédente, sont donc exposées à être attaquées deux fois dans l'année, la première au printemps et la seconde à la fin de l'été.

Lorsque le moment de la fécondation sera arrivé, les scolytes iront, sans doute, non plus se jeter sur les mêmes tas de bois trop desséchés pour leur convenir, mais bien sur les arbres de la forêt et probablement dans le voisinage des bois en grume.

L'exploration des arbres nouvellement attaqués est malheureusement très-difficile, à cause des écailles épidermiques qui abritent l'orifice de la galerie et de la résine qui s'accumule au devant.

Conjointement avec le scolyte et quelquefois isolément, on observe des traces qui appartiennent à une assez grosse espèce d'attélabe dont les ravages, que nous sachions, ne sont pas mentionnés dans les auteurs, bien qu'ils ne laissent pas que d'être très-graves.

Comme le scolyte qu'elle surpasse en grosseur, elle creuse ses galeries autour de l'arbre et à l'état d'insecte parfait, perce dans l'écorce, pour sortir de sa coque formée de détritus ligneux, un trou un peu plus grand que celui du scolyte.

Ses transformations paraissent avoir lieu en même temps que celles du scolyte, si ce n'est peut-être que le changement de nymphe en insecte parfait aurait lieu un peu plus tard; et leur association, chose remarquable, rappelle exactement celles du *scolytus destructor* et du *cossus* pour l'orme, du *scolytus pruni* et du *callidium*, pour les pommiers.

Quant à sa manière de vivre à l'état d'insecte parfait, on nous a assuré qu'elle se jette également sur les jeunes pousses de pin dont elle ferait la section transversale dans le but, suivant nous, de déterminer un épanchement de la séve propre à sa nourriture.

Bien que le scolyte et l'attélabe fassent mourir des arbres sur pied, à la manière des scolytes de l'orme et du cossus, en interceptant complètement la circulation de la séve, perte qui est insensible pour de grandes plantations où il faut souvent éclaircir, le plus grand mal qu'ils puissent faire, disons-nous, surtout le premier, c'est de retarder, pour près de deux ans, la végétation des pins, en les privant d'une grande partie de leurs sommités.

D'après tout ce que nous avons été à même d'observer jusqu'à ce jour, sur les ravages de ces deux insectes, à Phalanstère, nous pensons que rien ne serait plus facile, sinon de les faire disparaître, du moins de les atténuer tellement, qu'ils deviendraient insignifiants. Nous conseillons donc

1° De briser, avec la main, les jeunes pousses à l'époque où elles renferment des scolytes et d'en faire des tas pour les brûler immédiatement ;

2° De continuer à exploiter les bois comme par le passé, mais aussitôt qu'on aura reconnu la présence des larves de scolyte et d'attélabe dans les tas de bois destinés au charbon, d'en tirer parti sur-le-champ, ou bien de les écorcer, de les immerger, de manière à détruire, par le feu ou l'eau, les nouvelles générations qui tendent à sortir :

Il n'y a pas à se préoccuper des fagots et du menu bois ; le scolyte des pins et l'attélabe, ne trouvant pas leur écorce assez épaisse pour la nourriture de leurs progénitures, ne s'y mettent jamais ;

3° A ne pas faire de barrières de champ avec des perches un peu grosses, à moins qu'on ne prenne le soin de les écorcer auparavant.

4° Enfin nous donnerons le conseil d'appliquer nos tranchées longitudinales, opération qui peut se faire sans inconvénient sur les arbres résineux, ainsi que nous en avons maintenant la preuve, qu'autant qu'on attachera un grand prix à la conservation des arbres affectés du scolyte et de l'attélabe ; cette opération devra produire les mêmes effets que chez les ormes malades.

Phalanstère, août 1846.

NOTA. Les scolytes qui vivaient dans les jeunes pousses de pin que nous avions rapportées de Phalanstère les ont abandonnées dans les premiers jours de septembre, trois semaines après avoir été détachées.

Extrait des *Mémoires de la Société royale et centrale d'agriculture*. — Année 1846.

IMPRIMERIE DE Mme Ve BOUCHARD-HUZARD, RUE DE L'ÉPERON, 7.

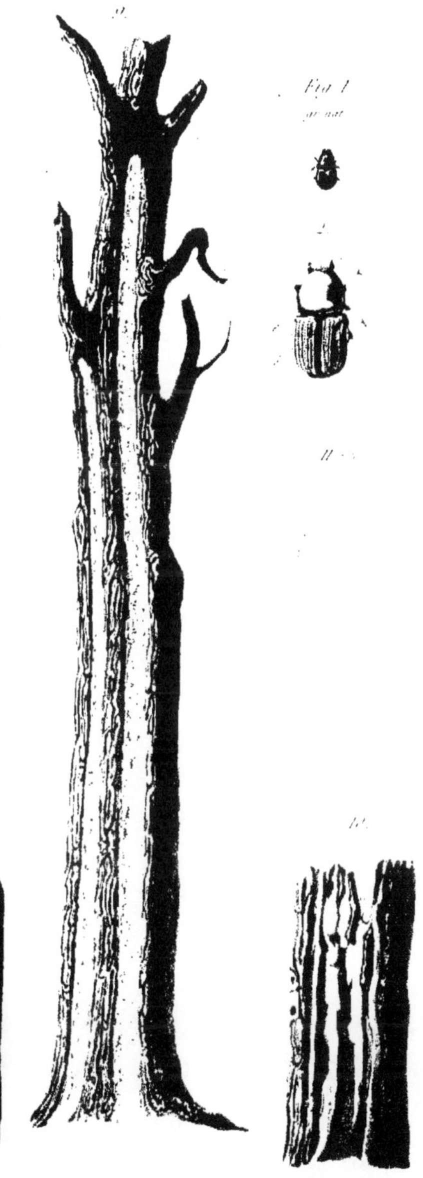

Scolytus destructor

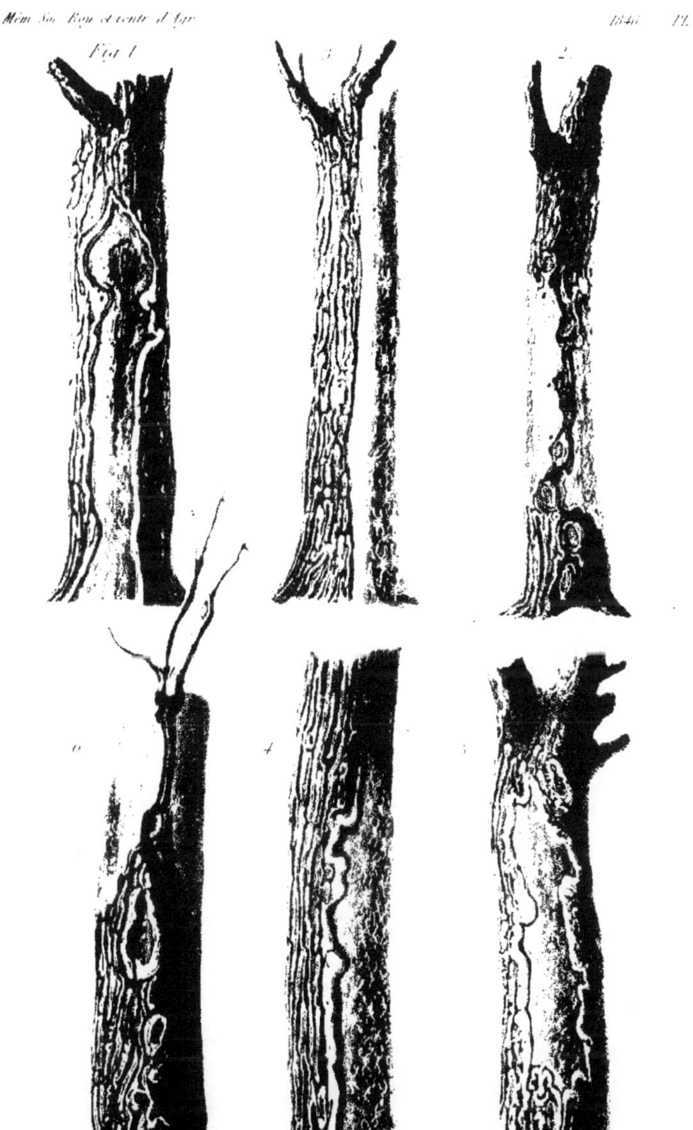

Scolytus destructor

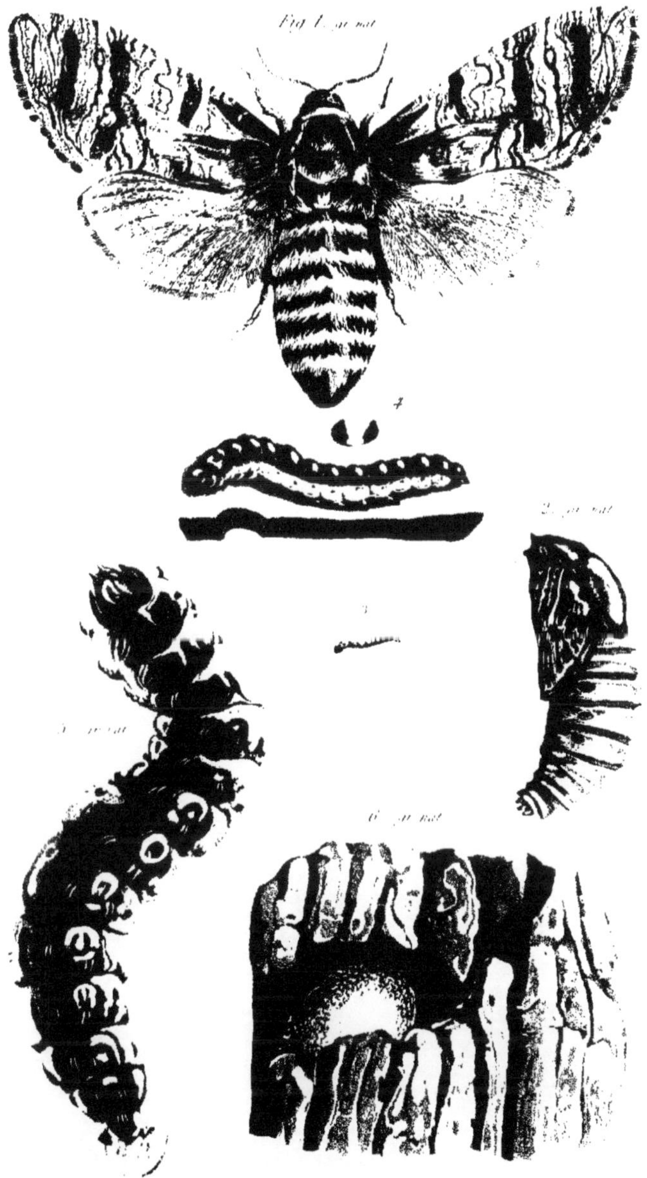

Cossus ligniperda Fab.

Cossus ligniperda

www.ingramcontent.com/pod-product-compliance
Ingram Content Group UK Ltd.
Pitfield, Milton Keynes, MK11 3LW, UK
UKHW021633260726
13994UKWH00003B/1173